Wirklichkeitsblinde

in Wissenschaft und Technik

Von

A. Riedler

Springer-Verlag Berlin Heidelberg GmbH

1919

ISBN 978-3-662-42181-9   ISBN 978-3-662-42450-6 (eBook)
DOI 10.1007/978-3-662-42450-6

Vorwort.

Der Gegensatz zwischen Theorie und Erfahrung, zwischen (Schul-)Lehre und Leben ist so alt wie das Streben nach Wahrheit.

Seit Platons Lehre, das Wirkliche sei nicht Ausdruck der ‚Ideen‘, diese allein seien das Urbild der Dinge und leitendes Vorbild, seitdem ist kein Ende des Überwertens der ‚Ideen‘, in die alles hineingedeutet wird, was den Gegensatz vergrößert, alles Wirklichkeitsferne, Weltfremde, alles Hergerichtete, alles, was der herrschenden Lehrrichtung dienen kann, und das Unwirkliche wird als das ‚Ideale‘, als die ‚wahre Wissenschaft‘, und vor allem als das ‚Humane‘ hingestellt, als das allein ‚Gute, Wahre und Schöne‘. Das Lebendige fehlt jedoch, das Wirkliche, unvermeidlich Veränderliche, das Widerspruchvolle.

Aristoteles hat des Meisters Lehre erweitert, hat Logik, Seelenkunde, Rede- und Dichtkunst, Naturerkenntnis und -forschung begründet, jedoch den Geist auf die Erfahrung verwiesen, aus der er stamme. Deshalb ist er längst fest eingefacht als Vater des ‚Realismus‘ im Denken und Handeln, als Urahn des Gegensatzes zu ‚Geist‘ und ‚Ideen‘, und sein ‚Realismus‘ wurde weiter ausgedeutet zum Materialismus, ‚Amerikanismus‘ und Erwerbstrieb.

Die Einheit der Welt und des Denkens ist abgrundtief zerspalten, Lehre und Wissenschaft arbeiten oft gegeneinander, und eine hergerichtete Lehre herrscht übermächtig, abgeschlossen und feindlich gegen die Wirklichkeit und ihre Schwierigkeiten. Und so wird es bleiben, solange Gelehrte Richtung und Inhalt der Lehre bestimmen.

Die Wirklichkeitsblinden herrschen, und die Jugend muß endlich gewarnt werden vor sachblinder Lehre, vor der tief schädigenden Meinung, es genügten ‚Ideen‘ und ‚Grundsätze‘ und Rechnungen, um die Aufgaben des Lebens zu bewältigen. Wäre dem so, dann gäbe es längst keine ungelösten oder falsch erfaßten Aufgaben mehr. In Wirklichkeit stehen wir auf allen Gebieten erst am Anfang richtiger Erkenntnis.

Das unduldsame Denken und Handeln der Blinden und Einseitigen muß an verschiedenen Wissenschaftsverfahren und an Sachbeispielen gezeigt werden, denen jeder Verständige ohne besondere Facherfahrung folgen kann; die Denkweise derer muß gekennzeichnet werden, denen Erfahrung fehlt, die unduldsam in einem engen Kreise grübeln und die schwierige veränderliche Wirklichkeit durch Schullehrsätze und Rechnungen zu meistern meinen.

Der Verlust an besten Lebensjahren muß dargetan werden, den das Umlernen fürs Leben kostet, weil die herrschende Lehre Wirklichkeitswidriges vermittelt, ohne klar zu sagen, daß alles, auch die Lehrsätze, auf ‚Hypothesen‘ ruht, auf Annahmen, die stets nur bedingungsweise gelten, nur in bestimmten engen Grenzen, und daß sie die vielseitigen Bedingungen der Wirklichkeit nie voll umfassen.

Und ein Weg zur Abhilfe muß gezeigt werden, wie aus Einsicht und Erfahrung, aus Betrieb und Leben eine neue Lehrart erwachsen muß, welcher Theorie und Rechnung nur als Hilfsmittel dienen, eine Lehre, die verantwortlich Schaffende erziehen will, nicht Vielwisser und Besserwisser.

Dieses Streben kann auf keinen raschen Erfolg hoffen, denn es muß gegen das Bestehende, übermächtig Herrschende, Eingelebte ankämpfen, das bei uns von allen gestützt wird, die sich zur Intelligenz oder gar zu den ‚Intellektuellen‘ und ‚Wissenschaftlichen‘ zählen. Aber ein Anfang muß gemacht werden. Der bisher einmütige Widerstand der Theoretiker gegen lebendiges Streben im Hochschulbereich darf nicht hindern, diesen Anfang zu fördern und für die Forderungen des Lebens zu wirken.

Wahrscheinlich handelt es sich im uralten Gegensatz um Allgemeineres, als im engen Fachkreise zu kennzeichnen ist, denn nicht Lehrmeinungen entscheiden, sondern Naturgesetze. Die herrschenden ‚Ideen‘ der Schule sind wirklichkeitswidrig, naturwidrig, und deshalb haben sie traurig versagt und waren doch so ernst und ehrlich gemeint. Das war unser Unglück, das dem felsenfesten, daher unduldsamen Glauben entspringt, die ‚Ideen‘ umschlössen die Wahrheit und seien unveränderlich. Und dieser Glaube verführt dazu, die Lehre am Vergangenen aufzurichten, am (menschen-)geschichtlich Gewordenen oder unveränderlich Scheinenden, das in Wissensstoff und in Lehrsätzen eingefangen werden kann.

Die großen, schwierigen Aufgaben können jedoch nicht allgemein und ‚exakt‘ erfaßt werden, denn alle wachsende Erkenntnis lehrt uns eindringlich, daß alles Leben veränderlich und stete Entwicklung ist, daß richtiges Erfassen immer schwieriger wird, selbst wenn nur einiges Veränderliche in Rechnung gestellt wird, z. B. nur die Veränderung des Menschendaseins und der Arbeitsbedingungen, wobei übliche Formeln und Grundsätze schon versagen.

Richtige Lehre muß scharfe, wirklichkeitsgemäße Werkzeuge bieten, nicht stumpfe, eingebildete, in der Wirklichkeit untaugliche; sie muß die Werkzeuge richtig handhaben lehren, sie muß die Lebenssache behandeln, sie muß lehren, Werte zu schaffen. Das ist unsere einzige und hohe Aufgabe, nicht das Wälzen von Wissen und ‚Ideen‘. Immer höhere Kulturwerte müssen wir schaffen für unseren Entwicklungsweg im Leben, dem endlos schaffenden, fortschreitenden, das immer schwierigere Aufgaben stellt.

Im Juli 1919.

A. Riedler.

Inhalt.

I. Wissenschaftsverfahren.

Voraussetzungsvolle Wissenschaft.

Mommsen hat das Wort ‚voraussetzungslose Wissenschaft‘ geprägt, und seitdem wird es nur gebraucht, um ‚wahre‘ Wissenschaften von ‚nützlichen‘ gründlich zu trennen, Zusammengehöriges sinnwidrig zu spalten. In dem Sinne, daß wissenschaftliches Denken und Forschen durch Sonderzwecke nicht unsachlich beeinflußt werden darf, gilt das Wort ganz allgemein, selbst für Wissenschaften, die vorausbestimmte Zwecke verfolgen müssen; gilt sogar für die wissenschaftliche Technik, die von voraussetzungsvollen Anwendungszwecken gar nicht zu trennen ist.

Daraus erwachsen keine Widersprüche, wenn Naturerkenntnis und Technik das sachlich Richtige erstreben und erreichen.

Die Technik ist gegen voraussetzungsfalsches Verfahren insofern gut geschützt, als die Wirklichkeit das sichtbare und im Betrieb verlebendigte Werk unfehlbar beurteilt und rasch an den Tag bringt, ob die angewendete Einsicht und ihre Voraussetzungen richtig waren oder nicht.

Die Wissenschaft und die ihr nachfolgende Technik, die alle Erkenntnis anwenden will, stehen trotz verschiedener Ziele auf gleichem Boden, wollen dasselbe, wollen das Wahre, das Wirkliche, das allgemein Gültige erfassen.

Sachliche Widersprüche ergeben sich selbst dann nicht, wenn die Technik der Wissenschaft ausbeutend nachfolgt, oder wenn sie dabei Vorsprung gewinnen will und nur deshalb die Forschung selbst betreibt. Das sachlich Richtige, das Nachgeprüfte bildet den gemeinsamen sicheren Boden Die Wissenschaft wird durch die Technik bereichert und vertieft durch das Nachprüfen im großen, im Betrieb, durch Dauerversuche.

Entscheidend voraussetzungsvoll ist jede wahre Wissenschaft in ihren sachlichen Verfahren, weil diese immer auf Annahmen ruhen.

Naturwissenschaften und Technik gehen von planmäßiger Erfahrung, von wissenschaftlichen Versuchen aus, und diese müssen zunächst einen ursächlichen Zusammenhang voraussetzen, der erst noch zu suchen ist.

Voraussetzungsvolle Meinungen und unbewiesene Annahmen bilden daher die Grundlage aller ‚Theorien‘ und Versuche. Und aus solchen Voraussetzungen können größte Ergebnisse erwachsen. Sie werden über Bord geworfen, sobald sich richtigere Annahmen ergeben, ohne daß die derart aufgebauten Wissenschaften Schaden leiden.

So sind die Naturwissenschaften groß und herrschend geworden, so wachsen alle lebendigen, wahren Wissenschaften.

Naturkenner und Ingenieure unterscheiden sich in diesem sachlichen Verfahren nur dem Grade nach. Die Ingenieure sind durch die Art ihrer Aufgaben, die sie verantwortlich durchführen müssen, durch den unfehlbaren Mahner und Richter Wirklichkeit an alle ihre Voraussetzungen gebunden und können ihre Annahmen nur ihr gemäß wählen.

Naturforscher hingegen suchen unabhängig vom besonderen Fall und von Einzelheiten allgemein gültige Einsicht. Sie können dabei sogar unwirkliche Voraussetzungen einführen und mit ihnen stolze Ergebnisse erzielen.

‚Atome‘ z. B. hat noch niemand gesehen; traumhafte und bildliche Annahmen wurden gemacht, wie sich die Urteilchen lagern zu Ringen oder Ketten, solche Voraussetzungen wurden selbst grobsinnlich veranschaulicht, und tiefgreifende, fruchtbringende Umwälzungen wurden vollbracht.

Naturkundige, wie die Meister der Technik, stehen auf dem gleichen fruchtbaren Boden wissenschaftlicher Versuche. Die Art, wie sie die Versuche aufbauen und leiten, die Ergebnisse deuten und werten, ist jedoch abhängig von den Voraussetzungen der Versuche.

Das Voraussetzungsvolle liegt immer in den Annahmen, die dem Versuche vorangehen müssen. Sie bestimmen Sinn, Mittel und Ziel der Versuche und die Deutung der Erkenntnis, sie bilden die leitende ‚Idee‘.

Hier kann keine Kluft zwischen Naturkunde und ihrer gestaltenden Anwendung, der Technik, entstehen. Es ist jedoch notwendig, sich über Einzelheiten zu verständigen.

Wissenschaftliche Versuche.

Richtige wissenschaftliche Versuche und ihre richtig gewerteten Ergebnisse sind die Grundlage alles Fortschritts, aller wahren Wissenschaften, die sich nicht bloß auf ein planmäßiges Ordnen beschränken.

Die Absicht ist für den Erforscher der Natur wie der Technik: die Natur zu befragen. Sie gibt indes auf zuweit gefaßte Fragen keine uns verständliche Antwort, sie muß im einzelnen und unter bestimmten Voraussetzungen befragt werden.

Aufgabe der Forscher beider Richtungen ist, solche Fragen passend zu stellen, und das zwingt von vornherein, einen bestimmten Zusammenhang der Ursachen und Wirkungen vorauszusetzen. Nur dann kann der Versuch zweckgemäß geleitet, die Antwort der Natur verstanden, gedeutet und gewertet werden.

Wie gewaltig dieser voraussetzungsvolle Aufbau der Wissenschaften wirkt und immer mehr Gebiete in ihren Bann zieht, zeigen die großen Veränderungen der alten Wissenschaften: Die ‚Königin der Wissenschaften‘, die Philosophie, die den Gipfel menschlichen Denkens erklimmen will, sucht alle Erkenntnis allgemein zu fassen, loszulösen von Einzelheiten, zusammenzufassen und auf den Menschen zu beziehen. Trotzdem und trotz ihrer amtlichen Bevorzugung ist sie in der Lehre zurückgegangen auf geschichtliche und erkenntnistheoretische Betrachtungen, während einer ihrer Zweige, die Seelenkunde, ganz naturwissenschaftlich arbeitet.

Ziel jeder Wissenschaft ist, ausreichende, immer vollständigere Einsicht zu erlangen, wenn möglich zu allgemeingültiger Erkenntnis vorzudringen und diese schließlich in einfacher und allgemeiner Form auszudrücken. Dazu kommen die Sonderziele, die den einzelnen Zweigen ihre besondere Bahn weisen.

Ausgangspunkt sind immer sachliche Erfahrungen; Mittel zum Ausbau der Erfahrungen sind die planmäßigen wissenschaftlichen Versuche, die dem vorausgesetzten Zusammenhang nachgehen, die Wirkungen nachweisen und schließlich als Einsicht werten.

Planmäßig bedeutet jedoch nicht bloß geordnet; das ist nur der Anfang, das Selbstverständliche. Jedes Denken und selbst jedes Wissen muß geordnet sein.

1*

Planmäßig bedeutet: der leitenden ‚Idee‘ gemäß, die jedem Versuche vorangehen muß. Diese leitende Idee muß in der Technik unmittelbar der Wirklichkeit entsprechen.

Hier können trennende Mißverständnisse beginnen, denn unter ‚Idee‘ kann allerlei verstanden werden. ‚Idee‘ ist leider ein arg mißbrauchtes Allerweltswort geworden, so daß schon über die Grundlage, über die Leitgedanken mit Wirklichkeitsblinden keine Verständigung zu erzielen ist. Für wissenschaftliche Versuche und deren Deutung ist nun gar die ‚Idee‘ vom Zweck der Versuche nicht zu trennen, von der bestimmten Absicht, die verfolgt wird!

‚Zweck‘ und ‚Absicht‘! In der ‚voraussetzungslosen‘ Wissenschaft verpönt und verachtet! In der unbequemen, gleichfalls verachteten Wirklichkeit allein entscheidend!

Zweck und Absicht bei allen richtigen Versuchen ist, einen ursächlichen Zusammenhang vorweg anzunehmen, meist einen vorerst ganz unsicheren, nur als wahrscheinlich vermuteten Zusammenhang, und dann die Wirkungen zu deuten und zu werten.

Nur zusammen mit den angenommenen Leitgedanken der Versuche können daher die Verfahren und ihre Ergebnisse beurteilt und gewertet werden.

Diese Leitgedanken sind maßgebend: für den Versuchszweck, für die besonderen Einrichtungen, für den Verlauf der Versuche und für die Deutung der Ergebnisse.

Denn alle Versuche sind zunächst nur Mittel zu dem Zwecke, Einsicht zu erlangen in den vorausgesetzten ursächlichen Zusammenhang, der aufgeklärt werden soll.

Je nachdem diese Voraussetzungen der Wirklichkeit entsprechen, kann planmäßig beobachtet und gewertet oder nur getastet werden.

Die Natur antwortet durch die Versuche nur auf die gestellten Fragen und nur im Bereiche der Leitgedanken, welchen die Versuche und ihre besonderen Mittel angepaßt sind.

Bei wissenschaftlichen Versuchen und ebenso bei Rechnungen kann nur das herauskommen, was in die Leitgedanken oder in den Rechnungsansatz als Voraussetzung hineingelegt wurde.

Je nachdem diese Gedanken der Wirklichkeit entsprechen

oder ihr zuwiderlaufen, kommt Richtiges, Falsches oder überhaupt nichts heraus.

Viele Erfahrungen, selbst Einzelerfahrungen, wenn sie einen ursächlichen Zusammenhang aufklären, sind von planmäßigen wissenschaftlichen Versuchen nur dem Grade nach verschieden.

Der Weg der Erfahrung allein ist zu unsicher, zu zeit- und geldraubend; es müssen zu viele Einzelerfahrungen mühsam zu einer Einsicht verarbeitet werden. Der wissenschaftliche Versuch hat gerade den Zweck, diesen umständlichen Weg zu kürzen, sicherer und rascher zum Ziele zu führen.

Alles das ist bekannt und — nie gewürdigt.

‚Hypothesen‘, also offenkundige Annahmen, werden als ‚Theorie‘ ausgegeben, wogegen nichts einzuwenden wäre, wenn unter ‚Theorie‘ eine vorläufige Annahme verstanden würde. Annahmen werden jedoch oft zu Lehrmeinungen, und ‚Theorie‘ wird als ‚Wissenschaft‘ gedeutet.

‚Theorie‘ ist ebenfalls eines der unseligen vieldeutigen Allerweltswörter. Die ‚Theorie‘ hat nur Wert als Leitgedanke im erwähnten Zusammenhang mit Versuchen und Erfahrungen und ihrer Deutung. Einzelheiten und Ergebnisse sind wertlos außerhalb dieses Zusammenhangs. Erst die Versuchsergebnisse und ihre Anwendung können erweisen, ob der Leitgedanke richtig war oder nicht.

Kennzeichen der lebendigen Wissenschaften und ihres Fortschritts ist der Wechsel ihrer Leitgedanken, die sich mit dem Fortschritt verändern, vervollkommnen.

Die Entwicklung ist endlos, weil die Erkenntnis sich der Wirklichkeit und ihren vielfachen Bedingungen nur allmählich nähern kann.

Grundlagen und Ergebnisse bleiben immer in lebendigem Fluß, in ständiger Vervollkommnung. Es ist wissenschaftswidrig, als Grundlagen starre Lehrsätze einschieben zu wollen. Das ist höchstens auf Teilgebieten möglich, die schon so vollständig erkannt sind, daß die Leitgedanken als ewig gelten können, wie in Teilen der Bewegungslehre und der sogenannten ‚Statik‘.

Alles fließt! wird ja den Schülern gelehrt — im Griechischen; in der wissenschaftlichen Lehre aber wird gegen diese alte Wahrheit nur zu oft verstoßen, indem denselben Schülern statt beweg-

licher Grundlagen, die immer mehr der Vervollkommnung zu-
streben, starre ‚Lehrsätze‘ vorgesetzt werden, die sie irreführen, die außerdem oft nur unzulässig verallgemeinerte
Erfahrungen oder Annahmen sind.

Die Voraussetzungen und Annahmen verkennen, auf
die sich die Wissenschaften und ihre Versuche stützen, heißt das
Werden und Wesen der Wissenschaften verkennen, ihr
lebendiges Weiterwachsen.

Einseitige Theoretiker der Mechanik verfallen oft in diesen
Fehler und halten ihre ‚Lehrsätze‘ für unabänderlich, für
‚exakt‘, während sie fließen und weitergebaut werden müssen,
genau so, wie dies offensichtlich in anderen Zweigen der Naturerkenntnis geschieht. Die Wissenschaft im großen bleibt; sie
steigt immer höher, weil ihre Zweige sich immer weiter ändern
und vervollkommnen, weil sie alte ‚Lehrsätze‘ abstößt und
durch neue, erweiterte Erkenntnis ersetzt.

Verhängnisvoll ist, daß einseitige Theoretiker ihr Teil-
gebiet für die große, allgemeine, unabänderliche ‚Wissenschaft‘ halten, statt für einen der vielen veränderlichen Zweige am großen Baum, daß sie sich gar auf einen
eingebildeten Thron setzen und sich ein Richteramt anmaßen, tatsächlich aber nur lebensfeind und wirklichkeitsblind meinen und urteilen und gerade deshalb meist unduldsam.

Einseitige Theoretiker haben einst ‚Wirbel, Lichtkörper‘,
‚Wärmestoff‘ und manches andere als Einsicht gepredigt; sie
waren wirklichkeitsblind wie viele Theoretiker unserer Zeit,
die von der Höhe ihrer ‚Lehrsätze‘ herab ‚urteilen‘ und unzulässig verallgemeinern, ohne die Wirklichkeit, ohne
ihre zahlreichen und schwierigen Bedingungen und Abhängigkeiten zu würdigen.

Annahmen, Erfahrungen und Urteile dürfen nicht verallgemeinert werden, ‚da doch die Aussprüche des Ver-
standes eigentlich nur einmal, und zwar in dem bestimm-
testen Falle gelten und schon unrichtig werden, wenn
man sie auf den nächsten anwendet‘ (Goethe).

‚Exakte‘ Wissenschaften.

‚Exakt‘ ist wieder einer der verschwommenen, unklaren Begriffe, vieldeutig als Schlagwort gebraucht und meist unrichtig.

Jedem klaren Begriffe entspricht ein klarer Gegenbegriff, der nicht bloß durch verneinende Vorsilben: un-, a-, in-, ir- usw. bezeichnet ist.

Was soll ‚exakt‘ bedeuten? Genau? Streng? Bestimmt? Was alle Wissenschaften beanspruchen und erstreben? Was nur wenige erreichen, viele nie!

Was soll der Gegenbegriff sein? Ungenau? Unzuverlässig? Unbestimmt? Oberflächlich? Verschwommen? — Alles das liegt doch ganz abseits jeder Wissenschaft.

Es wird von ‚exakten‘ Wissenschaften gesprochen, und sie stehen doch alle auf gleichem Boden. Alle suchen ursächliche Zusammenhänge zu ergründen, aufzuklären und schließlich gesetzmäßig auszudrücken, womöglich in der allgemeinsten Form, in der rechnungsmäßigen. Dieses Ausdrucksmittel kann doch die Wissenschaften nicht nach Gattungen spalten!

Der Begriff ‚exakt‘ wird gekünstelt, wird u. a. für solche Wissenschaften gebraucht, deren Ergebnisse angeblich ‚streng wissenschaftlich‘ ‚bewiesen‘ werden. Im Gegensatz zu den nicht strengen? Zu den unbewiesenen? Oder unbeweisbaren? Zu den rechnungsmäßig nicht ausdrückbaren?

Dann würden wieder die Mittel die Wissenschaften spalten. Eine unhaltbare Auffassung! Denn zu den Wissenschaften, deren Ergebnisse und Verfahren als ‚exakt‘ gelten, werden große Teile der Naturforschung gezählt, die sich bis jetzt rechnerischen Behandlungen und ‚Beweisen‘ größtenteils ganz entziehen.

Alle Ergebnisse und Rechnungen, auch die sogenannten ‚exakten‘, müssen beurteilt werden im Zusammenhang mit ihren Leitgedanken, ebenso wie jeder wissenschaftliche Versuch. Alles ist abhängig von den Annahmen.

Wenn ein Ergebnis ‚exakt‘ genannt wird, dann ist in allen Fällen erst festzustellen, ob die Rechnung oder der Versuch nicht etwa so angenommen wurde, daß das Ergebnis ‚exakt‘ herauskomme!

Rechnungen oder Versuche können an sich nie ein selbständiges Ergebnis liefern, unabhängig von den leitenden Annahmen, von den Voraussetzungen.

Gewöhnlich können wissenschaftliche und technische Aufgaben nur annähernd gelöst werden. Es lassen sich nur einzelne der vielen gegebenen Zusammenhänge der Wirklichkeit feststellen. In der Technik sind in der Regel nur einzelne Bedingungen erfüllbar, meist auf Kosten der übrigen. Oft müssen bewußt Fehler begangen, wichtige Bedingungen vernachlässigt und unzutreffende Voraussetzungen gemacht werden. Die Aufgaben der Wirklichkeit können verschieden gelöst werden, nur nicht ‚exakt‘.

Statt der Jugend die Trugbilder ‚exakten‘ Wissens und Verfahrens vorzutäuschen, sollte sie vielmehr durch eine ‚Fehlerkunde‘ planmäßig aufgeklärt werden über die wesentlichsten, immer wiederkehrenden Fehler im einseitigen Auffassen, Beobachten und Urteilen.

Es ist irreführend, daß Erkenntnisse bestimmt und allgemein durch Rechnungsformeln ausgedrückt werden, wenn sie nur Teilerkenntnisse sind oder einseitige ‚theoretische‘ Erkenntnisse, abhängig von bestimmten Annahmen und Vernachlässigungen, wenn sie nur vereinfachte Einsicht sind und oft nur deshalb vereinfacht, damit sie rechnerisch ausgedrückt werden können.

Es müßte daher jederzeit deutlich gesagt werden, unter welchen vereinfachten Annahmen die Erkenntnis oder Rechnung zutrifft, oder ob sie nur eine vereinfachte vorläufige Einsicht ist, die nur so lange gilt, bis eine richtigere gewonnen ist. Das wird aber meist unterlassen; daher die Mißverständnisse.

Dadurch werden Gegensätze aufgebaut und erhalten, die es innerlich, sachlich nicht gibt, nie geben kann!

Solche erkünstelten Gegensätze führen dazu, daß Lernende wie Forscher vermeintliche ‚exakte‘ Verfahren überschätzen, während alles immer wieder von den grundlegenden Annahmen, von ‚Abstraktionen‘, Vernachlässigungen, Vereinfachungen usw. abhängt.

‚Exakte‘ Wissenschaft beruht nicht auf einer vermeintlichen besonderen Schärfe und ‚Strenge‘, sie ruht wie alle Wissenschaft auf vorläufigen Annahmen und zudem auf dem ‚Abstrahieren‘ gegenüber der stets sehr umständlichen Wirklichkeit. Um Einsicht zu gewinnen, wird immer von wichtigen Beziehungen vorerst abgesehen.

Alle Wissenschaften stecken noch in ihren Anfängen, keine ist abgeschlossen. Deshalb war der wissenschaftliche Fortschritt auf den meisten Gebieten in den letzten Jahrzehnten starker wissenschaftlicher Betätigung größer als in allen vorangegangenen Jahrhunderten zusammen. So wird sich auch unser jetziges Erkennen verhalten zu dem kommender Geschlechter.

Der Ausbau einer Wissenschaft kann erst beendigt sein, wenn das Streben aufhört oder ein Zweig das Leben verliert. Dann aber sind längst neue Zweige emporgewachsen.

In der anfänglichen Entwicklung müssen alle Wissenschaften zergliedern, statt zusammenzufassen, müssen vereinfachen, statt den ganzen Zusammenhang der Wirklichkeit zu erfassen, alle müssen ‚abstrahieren‘ von vielen gegebenen Bedingungen und Zusammenhängen.

Viele Wissenschaften, leider nicht alle, bekennen das Abstrahieren als ‚Hypothesen‘, als vorläufige Annahmen, die allmählich durch bessere ersetzt werden, im schon erwähnten Sinne.

Auch wissenschaftliche Versuche ‚abstrahieren‘, absichtlich müssen sie alle Ursachen und Wirkungen ausscheiden bis auf die gewollten. Das ist Wesen und Grundlage der Versuche.

‚Abstrahieren‘ ist kein selbständiges wissenschaftliches Mittel, sondern ein Hilfsmittel, ein Notbehelf, um vorläufig zu vereinfachter Teilansicht zu gelangen.

Der Wortsinn ist maßgebend: abziehen, absondern, außerachtlassen, etwas an sich betrachten, losgelöst von anderen Bedingungen, den weiteren Zusammenhang vernachlässigen usw.

Unmittelbar neben dem ‚Abstrahieren‘ liegt immer die Gefahr, daß die mit Vernachlässigungen behaftete abhängige Einsicht unzulässig verallgemeinert wird.

Das Abstrakte wird für das Konkrete gesetzt! Das Konkrete ist aber stets die Wirklichkeit mit ihren vielen gleichzeitig fordernden, oft einander widersprechenden Bedingungen.

Widersprüche und Unstimmigkeiten rühren daher, daß die unzulässig verallgemeinerte, nur unter Voraussetzungen gültige Teileinsicht für den besonderen Fall angewendet wird, der aber mit allen seinen Bedingungen gebietet, nicht bloß mit den vom Forscher bewußt oder vom ‚Theoretiker' willkürlich und unausgesprochen gemachten Voraussetzungen.

Die Werke der Technik belasten ihre Schöpfer in der Regel mit schwerer Verantwortung für richtige Überlegung und Vorausberechnung aller Zusammenhänge.

Solche Verantwortung für ein sichtbares Werk, das sich selbst unfehlbar erproben muß, kann nicht getragen werden, wenn die Erkenntnis nur eine abstrahierte, eine unzulässig verallgemeinerte, eine willkürlich vereinfachte Einsicht ist.

Die Absicht der Wissenschaft und jeder wissenschaftlichen Lehre ist die gleiche:

allgemeingültige Begriffe und Gesetze aufzustellen, die indes wegen der vielen gleichzeitig gegebenen Abhängigkeiten und Bedingungen vorläufig getrennt und vereinfacht werden. Das ganze Bündel von Bedingungen, die die Wirklichkeit stellt, kann weder der Forscher noch der Lernende auf einmal bewältigen. Deshalb wird zunächst getrennt und vernachlässigt, aber nur vorläufig. Die fortschreitende Erkenntnis sucht dann alle wesentlichen Bedingungen zu erfassen und zu berücksichtigen.

Dieser natürliche Zusammenhang wird Anfängern und Einseitigen oft nicht bewußt, sie halten sich an die vereinfachte Teilansicht und verallgemeinern dann noch weiter, folgern aus Einzelbeobachtungen oder aus Summenwirkungen ihre vermeintlich allgemeingültigen ‚Gesetze'. Meist verallgemeinern Theoretiker das Einzelne und Ingenieure ihre Summenerfahrungen an ihren Bauwerken.

Grobe Irrtümer sind die Folge, und hier beginnt der üble Weg zum Formelwesen und zu unverstandenen ‚Lehrsätzen', die wie die ‚Methoden' von Erfahrungslosen immer weitergewälzt werden und doch nichts sind als mangelhafte Hilfsmittel, die wegzuwerfen sind, wenn bessere erlangt werden.

Besonders übel sind die Irrtümer, wenn solches Teilwissen rechnerisch ausgedrückt oder aufgeputzt wird.

In Wirklichkeit liegen in allen diesen Beziehungen durchaus keine inneren Widersprüche, sondern nur durch Einseitigkeit künstlich hineingetragene Gegensätze, den wahren Wissenschaften ebenso wesensfremd wie der Ingenieurkunst.

Rechnende Wissenschaft.

Ein bekannter Dichtervers kann auf die Rechnung und ihre Rolle in der Wissenschaft bezogen werden: ,,Jüngling, merke dir beizeiten, daß die Rechnung zu begleiten, doch zu leiten nicht versteht!"

Die Rechnung steht zur Sache, die sie ausdrücken soll, in ähnlichem Verhältnis wie das Wort. Das Mittelglied ist die ,Logik', der richtig urteilende Verstand.

Das richtige Rechnen wie das folgerichtige Denken genügt jedoch nicht, es muß auf sachlich richtiger Grundlage ruhen und die Abhängigkeiten, die Voraussetzungen des besonderen Falls richtig berücksichtigen.

Wer diese Abhängigkeiten unbeachtet läßt, denkt und rechnet einseitig und falsch, leistet sich nur Gerede und Gerechne, das sinnlos werden kann, jedenfalls zwecklos ist.

Wer über Dinge redet, die sachlich nicht richtig erfaßt sind, der schwätzt, wenn auch noch so gewandt. Wer Beziehungen berechnet außerhalb der wirklichen Abhängigkeiten von der Sache, der leistet sich ein rechnerisches Gerede.

Hier handelt es sich nicht um das Rechnen an sich, so wenig wie um die Logik an sich, und nicht um die Übung, sondern immer nur um die Anwendung der Erkenntnis auf allgemeine und besondere Aufgaben.

Diese Anwendung ist nicht selbstverständlich, wie Einseitige annehmen, sondern sie bringt meist erst die großen Schwierigkeiten, die durch Denken oder Rechnen an sich nicht erkannt, noch weniger überwunden werden können.

Es handelt sich insbesondere darum, wie der Theoretiker und der Ingenieur, jeder für seine Ziele, die Rechnung anwenden.

Die Rechnung, wie das Wort, wird wissenschaftlich erst durch den Sinn, in dem sie auf einen gegebenen Zusammenhang angewendet wird. Die Logik der Sprache wie der Rechnung liegt nicht in der richtigen Form, die selbstverständliche Voraussetzung ist, sondern nur im Zusammenhang mit der Sache, die sie klären soll, im Zusammenhang mit der Wirklichkeit, die nicht ersetzt werden kann durch wirklichkeitswidrige

Meinungen, Deutungen und Annahmen. Die sachlichen Tatsachen und Abhängigkeiten sind das Wesentliche, nicht die sprachlichen oder rechnerischen Ausdrucksmittel.

Über diesen einfachen, ja selbstverständlichen Zusammenhang ist die Verständigung zwischen den bahnbrechenden Naturforschern und den anwendenden Ingenieuren schwierig; mit den einseitigen Theoretikern ist sie unmöglich, weil Sprache und Rechnung als ‚Logik‘ von der Sache getrennt und betätigt werden, ohne die Sache zu kennen. In Wirklichkeit entscheidet nur die sachliche Richtigkeit.

Im vorliegenden Zusammenhang wird sogar von ‚mathematischen‘ Wissenschaften gesprochen. Mathematik ist doch nur eines der Hilfsmittel vieler Wissenschaften, und der Kreis der Wissenschaften, die dieses Mittel stark benutzen, erweitert sich immer mehr und umfaßt schon viele Gebiete, die früher der mathematischen Behandlung ihrer Aufgaben unzugänglich schienen. Vielleicht werden im weiteren Werdegang alle wahren Wissenschaften einer wenigstens teilweisen mathematischen Behandlung zugänglich. Die Hilfsmittel, die ‚Methoden‘ geben jedoch nicht Anlaß, die Wissenschaften zu trennen.

Die Anschauungslehre, die den Grundstock der Naturlehre bildet, muß doch selbst gleichzeitig alle tauglichen Hilfsmittel und Verfahren benutzen, um Erkenntnis zu vermitteln und ursächlich zu klären und die Rechnung benutzen, wenn sie anwendbar wird, um dem Lernenden das Erfaßte in allgemeiner Form zu vermitteln und ihn zu befähigen, den gesetzmäßigen Zusammenhang auch in neuen Fällen anzuwenden.

Das Entscheidende ist nicht die Rechnung, sondern die wissenschaftliche Einsicht, die so weit vordringt, daß sie rechnerischem Ausdruck zugänglich wird. Dann wird sie durch dieses Mittel ausdrucksvoller und erweiterungsfähiger. Ihr Wesen ändert keine Wissenschaft wegen des Ausdrucksmittels; nur ihr Arbeitsbereich wird erweitert.

Die Rechnung ist das wirksamste Hilfsmittel, weil sie eine genügend vollständig gewonnene Erkenntnis in allgemeinster Form ausdrücken kann, die zugleich die entwicklungsfähigste ist und immer die kürzeste. Immer bleibt jedoch die Rechnung nur Ausdrucksform der Erkenntnis.

In dieser Ausdrucksform kann der Geübte die Einsicht um-

gestalten, erweitern, auf neue Beziehungen ausdehnen, auf neue
Aufgaben anwenden, kann neue Beziehungen vorausbestimmen und nachprüfen, kann Übersicht schaffen, das Wesentliche hervorheben, Einzelheiten ermitteln, Erfahrungen und Ergebnisse vergleichen, überhaupt die Einsicht werten, allgemein
und für den besonderen Fall.

Oder das Hilfsmittel dient zum Eindringen in Neuland.
Dann ist die Rechnung keineswegs Führer, sonst gäbe
es längst kein Neuland mehr. Sie kann nur Begleiter, Prüfer,
Berater sein, kann schürfen helfen, kann erweisen, ob die
Leitgedanken richtig sind, sie kann aber nie die Wissenschaft
schaffen und nie das Wesen einer Wissenschaft ändern. Die
Leitgedanken des Forschers oder Ingenieurs mit ihren An-
nahmen bleiben herrschend.

Die Rechnung ist beschränkt oder nicht anwendbar, wenn
sie ursächliche Zusammenhänge ausdrücken soll, die noch nicht
ausreichend erforscht sind. Rechnung wie wissenschaftliche Versuche bleiben stets abhängig von den Voraussetzungen der
wissenschaftlichen Einsicht. Die Rechnung kann diese Voraussetzungen nicht ändern; sie sollte sie immer deutlich machen,
sie immer an die Spitze stellen.

Die Form der Rechnung ist Nebensache; sie wird geändert
je nach ihrem Zweck. Die Ergebnisse gelten immer nur inso-
weit, als die Rechnung die gegebenen Abhängigkeiten und die
gewollten Voraussetzungen und Annahmen berücksichtigt.

Wenn die Rechnung versagt, wenn die Gleichungen nicht
integrierbar sind, dann vereinfachen die Einseitigen rein
rechnungsmäßig!

Jedoch nur der sachliche Zusammenhang mit den Leitgedanken kann entscheiden, ob Rechnungsänderungen zulässig
sind, nie die Rechnung selbst. Die sachliche Bedeutung jeder
Vereinfachung muß deutlich hervorgehoben werden, nicht bloß
die rechnerische.

Für den besonderen Fall gilt: Nicht die Rechnung ist zu
vereinfachen, sondern ihre Voraussetzungen. Irreführend
wird die Rechnung, wenn sie einzelne Bedingungen, aus dem
gegebenen Verband gerissen, abändert, nur damit die Rechnung möglich wird! Wenn dies aber geschieht, muß die
Rechnung wenigstens als bewußt einseitig gekennzeichnet

werden. Das geschieht meistens nicht, daher die Mißverständnisse. Die vereinfachte Rechnung wird dann selbstherrlich, das Mittel wird mit der Sache verwechselt.

An der klaren Kennzeichnung der Annahmen fehlt es, deshalb ergeben sich tiefgehende Widersprüche zwischen ‚Theorie‘ und Praxis, wobei die ‚Theorie‘ oft nur voraussetzungsfalsches oder wirklichkeitswidriges Rechnen ist.

Die Rechnung ist nur Werkzeug auf dem schwierigen Wege zwischen den gegebenen vielfältigen Bedingungen der Wirklichkeit zum gewollten Ziel. Das Gegebene sind die vielen Abhängigkeiten, von denen nur einzelne, und diese oft nur auf Kosten der andern, erfüllbar sind und die deshalb zunächst vereinfacht werden durch Annahmen, durch Vernachlässigungen. Das Gewollte ist die Erkenntnis, die aber von den Annahmen abhängig bleibt, ebenso wie bei Versuchen oder bei jedem sonstigen Streben, einen ursächlichen Zusammenhang aufzuklären.

Ob die Rechnung sachlich richtig ist, kann sie selbst nicht bekunden, dies kann nur die Erfahrung, die Anwendung des Rechnungsergebnisses, oder der nachprüfende wissenschaftliche Versuch. Immer wieder im Zusammenhang mit den grundlegenden Voraussetzungen und Abhängigkeiten, mit den Bedingungen der Wirklichkeit.

Technisches Denken und Rechnen.

Überlegungen und Rechnungen mit technischem Ziel haben stets einen gegebenen Zusammenhang verantwortlich richtig zu erfassen oder nachzuprüfen, der zumeist mit so vielen zusammengehörigen Einflüssen belastet ist, daß ein allgemeingültiger Rechnungsansatz versagt. Es müssen Erfahrungen und Annahmen aushelfen, um sachlich zulässige Vereinfachungen zu finden.

Die Wege des Naturforschers und des Ingenieurs trennen sich:

Der Naturforscher kann und will die Einflüsse einzeln und allgemein ermitteln. Der Ingenieur darf nichts ohne weiteres ausschalten, sonst verläßt er die Wirklichkeit; er muß alle Einflüsse zusammen berücksichtigen, sonst kann sein Werk nicht die Wirkungen ergeben, die er vorausbestimmen will.

Wert und **Art** des Denkens und Rechnens sind daher für Naturforscher und Ingenieure notwendig verschieden:

Der Naturforscher denkt und rechnet mit seinen Abstraktionen; die Rechnung versagt ihm nicht wie dem Ingenieur, der die vielen gleichzeitig zu erfüllenden Bedingungen nicht ändern kann, ohne die Rechnung zu entwerten. Der Ingenieur wird ebenfalls versuchen zu zerlegen, zu vereinfachen, wird Annahmen machen, aber nicht wie der Naturforscher, der ganz ausscheidet, was er im Augenblick nicht werten will.

Der Ingenieur muß vielmehr vor jeder Vereinfachung erst prüfen, ob sie sachlich zulässig ist und wie sie der Wirklichkeit widerspricht. Das kann nicht der Physiker beurteilen, nicht der Theoretiker, nur der vielseitig Erfahrene.

Aus dieser Verschiedenheit der Aufgaben und des Zwanges erwachsen viele Gegensätze, weil Theoretiker auch über Ingenieuraufgaben urteilen.

Theoretiker und Ingenieure werden sich über die zulässigen Annahmen nicht leicht verständigen. Der Naturforscher kann weitgehend beziehungslos arbeiten, während dem Ingenieur in der ganzen Summe von gegebenen Bedingungen sogar Nebeneinflüsse zu Hauptbedingungen werden können. Viele Maschinenbetriebe sind so hoch entwickelt, daß längst nicht mehr die leicht berechenbaren Kraftwirkungen entscheiden, sondern Nebenkräfte, Zusatzwirkungen, die sich meist der Berechnung entziehen, jedoch über den Betrieb und das Leben der Maschinen entscheiden.

Der Ingenieur baut Rechnungen und Versuche ebenso auf wie der Physiker, denn beide suchen neue Erkenntnis. Der Physiker rechnet und beobachtet jedoch Zusammenhänge, die der Wirklichkeit des Ingenieurs nicht zu entsprechen brauchen. Der Ingenieur hingegen muß sehr sachkundig auswählen und ständig überlegen, wie sich die Annahmen und Vereinfachungen zu den Forderungen der Betriebswirklichkeit verhalten.

Werden die Annahmen wirklichkeitswidrig gewählt oder unzulässig vereinfacht, dann können sie zu keinem richtigen Ergebnis führen. Für die vermeintlichen ‚exakten‘ Rechnungen gilt daher dasselbe, was über die angeblich ‚exakten‘ Wissenschaften (S. 7) gesagt wurde.

Die Gegensätze zwischen Theoretikern und Ingenieuren bringen diese in schwierigste Lagen. Ein Beispiel einfachster Art: Eine Reibungswirkung ist vorauszuberechnen. Rechnet der Ingenieur mit großen Reibungszahlen, dann wird ihm vielleicht die Bremse zu schwach und versagt, und schwere Verantwortlichkeit ist die Folge. Wählt er kleine Reibungszahlen, dann wird die Bremse überstark und kann die Maschine zerstören, und wieder melden sich Schaden und Verantwortung.

Die Gegensätze entstehen nur durch einseitige Versuchs- und Rechnungsverfahren. Die Physiker und die Theoretiker unter den Ingenieuren wollen Versuche und Rechnungen zunächst allgemein aufbauen und alle Beziehungen einschließen. Das Ergebnis ist meist, daß die Versuchsergebnisse nicht deutungsfähig, die Rechnung unlösbar, die Gleichungen nicht integrierbar sind. Die Rechnung wird von einseitigen Theoretikern vereinfacht, jedoch nicht auf Grund der Erfahrung und der besonderen Bedingungen des gegebenen Falls, sondern nur rechnungsmäßig; es werden Beziehungen oder Größen vernachlässigt, damit die aufgestellte Gleichung integrierbar werde, damit das Versuchsergebnis gedeutet werden könne.

Das ist Willkür, die nicht offen eingestanden wird und nur zwischen den Zeilen einer langen Rechnung zu lesen ist. Der Anfänger bemerkt sie nicht, er wird getäuscht, er hält die Rechnung für die Sache, erfährt nichts oder nicht genug über die Annahmen der Rechnung, von denen alles Ergebnis abhängt. Das Übel liegt darin, daß die rechnungsmäßigen Vereinfachungen nicht ausreichend sachlich gedeutet und gewertet werden, daß der besondere sachliche Zusammenhang außer acht gelassen wird.

Der erfahrene Ingenieur verfährt umgekehrt: er geht vom sachlichen Zusammenhang aus, er kennt die vielfältigen Einflüsse, er weiß, was gebietet, was untergeordnet ist, welche Bedingungen einander widersprechen. Er sucht keine Gesamtbeziehung, die ohne Vereinfachungen doch nicht durchführbar ist; er benutzt die Rechnung dazu, die vielen Einflüsse zu zergliedern oder zusammenzufassen und seine Gestaltungsabsichten nachzuprüfen. Er baut die Rechnung von Anfang an so einfach und übersichtlich auf als möglich. Solcher Rechnungsgang entspricht der Wirklichkeit, der allgemeine entfernt sich von ihr. Beide sind so verschieden, wie die Ziele und leider die Denkweisen verschieden sind.

Ingenieure — nur erfahrene und vielseitig denkende und schaffende sind gemeint — müssen die abstrakten, umfassenden und dann nur rechnerisch vereinfachenden Rechnungen abweisen.

In ‚wissenschaftlichen‘ Kreisen wird in der Regel nicht etwa den Theoretikern bessere Rücksicht auf die Wirklichkeit und ihre Schwierigkeiten und bessere Beherrschung der Sache empfohlen, sondern den Ingenieuren bessere mathematische Bildung, also bessere Beherrschung des Mittels!

Der Zweck jedes Wissens ist jedoch immer, es anzuwenden. Mathematische Schulung muß das notwendige Rüstzeug an die Hand geben, um rasch und einfach einen gesuchten oder gewollten Zusammenhang nachzuprüfen.

So wie die Leitgedanken, die Annahmen für den wissenschaftlichen Versuch maßgebend sind, so sind es für die Rechnung die gestaltenden Leitgedanken des Ingenieurs. Diese Absichten führen, und nicht die Rechnung!

Es gibt mehr oder weniger gewandte Rechner wie auch Sprecher; die Gewandtheit hat gelegentlich ihren Wert, entscheidet aber gar nicht. Nicht der gewandt Redende oder Rechnende ist der Überlegene, sondern der Kenner der Wirklichkeit, der die Abhängigkeiten richtig würdigt.

Das Übel liegt nicht in unzureichender mathematischer Schulung an sich, sondern darin, daß die mathematischen Grundlagen und Verfahren in der Lehre losgelöst werden von der Wirklichkeit, von lebendiger Anschauung, so daß der Durchschnitt der Lernenden die Zusammenhänge, die Abhängigkeiten gar nicht versteht oder nicht würdigt, und daß ihm alles in zu abstrakter Form gelehrt wird, ohne Anwendung.

So wird denn, wie auf vielen andern Wissensgebieten, das Neue, die Rechnung, die Formeln eingelernt wie die Wörter einer fremden Sprache, ohne innerlich erfaßt zu werden.

Die Anwendung kommt erst hinterher im Leben. Nun erst muß das Wesentliche vom Nebensächlichen geschieden werden, ohne Übung, ohne Erfahrung; jetzt erst müssen die Verfahren nach ihrem Wert beurteilt werden, nach der Sache. Das wurde nie geübt, sondern nur das, was rein rechnungsmäßig behandelt werden kann. Bis die gebietenden Bedingungen und ihr Zwang auch nur verstanden werden, ist die rechnerische Übung verlernt und beste Jahre sind entschwunden.

Erhöhte mathematische Bildung wird hieran nichts ändern. Die Richtung der ‚abstrakten‘ Lehre muß geändert werden! Die Mehrzahl der Lernenden erwirbt ausreichende mathematische Schulung, wendet sie aber einseitig an, wie viele Lehrer!

Lehrer der sogenannten ‚theoretischen‘ Fächer kennen selbst die Wirklichkeit und ihre Bedingungen nicht, besitzen selbst zuwenig oder keine Erfahrung, und ihre Lehre bleibt einseitig und unfruchtbar, weil sie nicht durch Anwendungsbeispiele belebt wird. Hier sitzt der Fehler und nicht in der mathematischen Lehre und Übung.

Grundsätze und ‚Lehrsätze‘ werden zuwenig nach ihrem sachlich gebietenden Inhalt gelehrt, sondern meist nur nach ihren mathematisch ausdrückbaren Beziehungen.

Die so Geschulten können wohl rechnen, jedoch die Rechnung nicht richtig anwenden. Sie sehen nicht, daß im Zwanglauf der Wirklichkeit stets das zielstrebende Denken führt, nicht die Rechnung, die nur Werkzeug ist.

So bleiben den sachlich Unerfahrenen, aber gewandt Rechnenden wichtigste Beziehungen und Abhängigkeiten unklar, sie erfahren Wesentliches erst durch eigene schlechte Erfahrung und schädigen schwer sich selbst und schaffende Tätigkeit.

Einseitige Rechnung, auf willkürlichen Annahmen ruhend, herrscht in vielen Köpfen. Alltäglich zeigen sich im Zusammenarbeiten der Erfahrenen mit den wissenschaftlich einseitig Geschulten die tiefgreifenden Folgen:

Eine wissenschaftlich-technische Aufgabe ist von einem rechnerisch begabten jungen Ingenieur zu bearbeiten, er hat eine vorausbestimmende oder nachprüfende Rechnung durchzuführen. Das Rüstzeug wird gewandt gehandhabt, eine weitläufige Rechnung aufgetan und schließlich das Ergebnis ermittelt, zahlenmäßig für den vorliegenden Fall ausgedrückt. Alles auf ‚streng‘ erwiesener Grundlage aufgebaut.

Nun besieht der erfahrene Leitende die Arbeit und weist bald die ganze Rechnung samt Ergebnis als ‚graue Theorie‘ ab! Unter lebhaftem Einspruch des Anfängers, der mit heiliger Entrüstung geltend macht, das sei ja ‚berechnet‘!

Es bleibt bei der Abweisung, denn der Erfahrene sieht, wie die Rechnung auf Annahmen aufgebaut ist, die der Wirklichkeit nicht entsprechen, er sieht die Willkür der Voraussetzungen, und die rechnerische Mitarbeit verliert für ihn den Wert.

Auch stark Begabte versagen solcherweise, wenn sie nicht fähig sind, die Bedingungen der Wirklichkeit richtig zu erkennen, und wenn sie die eigenen Voraussetzungen für die Wirklichkeit halten; sie werden meist erst nach schweren Enttäuschungen sehend.

Die Anfänger werden jahrelang geschult im ‚logischen‘, aber voreiligen Urteilen, werden geübt im ‚exakten‘ Rechnen, das nichts weiß von den Bedingungen der Wirklichkeit, und sie sehen nicht, daß sie durch ihre Voraussetzungen die Rechnungen ganz entwerten, sie zum ‚logischen‘ Gerede in rechnerischer Form herabdrücken. Die so Rechnenden und Denkenden werden die Kluft gar nicht gewahr, die sie vom verantwortlich richtigen Schaffen trennt. Solche einseitige Schulung macht oft Begabte blind, die meist nur durch Schaden, auf die eigene Haut geschrieben, sehend werden.

Technisches Denken und Rechnen ist daher das Wirklichkeitsgemäße.

Umlernen fürs Leben.

Das Umlernen fürs Leben, der Zwang zum Neulernen nach überlanger Schulzeit, ist die Folge jeder herrschenden einseitigen Lehre, Folge von künstlichen Gegensätzen. Im Leben hört das Lernen erst mit dem Streben auf. Die Schule muß daher so lehren, daß sie unmerklich und ohne Zeitverlust ins belehrende Leben hineinleitet.

Das Umgekehrte herrscht: nach der überlangen Schulzeit wird der Schulsack weggeworfen, das Schulwissen verlernt und es muß fürs Leben neugelernt werden, weil die Schule in selbstgemachten Gegensätzen steckt, weil sie die Lernenden durch ‚Abstraktionen‘ und darauf aufgebaute Lehrsätze und Rechnungen und durch Verallgemeinerungen irreführt, weil sie ihnen die Wirklichkeit verbirgt, ja als niedrig darstellt.

Dann kommt diese harte Wirklichkeit mit ihren herrischen Abhängigkeiten. ‚Lehrsätze‘ und ‚Rechnungen‘ müssen verlassen und fürs Leben muß umgelernt werden, mit Verlust an Zeit und Kraft in besten Jahren!

Dabei versagen viele, die sich von ihrer eingebildeten, eingelernten Schulwelt nicht mehr losmachen können, aus dem engen Lernwinkel der Schulvoraussetzungen und Formeln nicht mehr herausfinden.

Das Lernen fürs Leben wird auch deshalb für viele eine so zeit- und kraftraubende Sache, weil eine verfehlte Stufenfolge der Lehre mithilft die Wirklichkeit zu verhüllen.

Das Natürliche wird gemieden, das Gekünstelte, Schulmäßige wird gepflegt. Das Natürliche wäre, mit den Abhängigkeiten der Wirklichkeit möglichst anschaulich zu beginnen und die ‚Abstraktionen‘ vorsichtig folgen zu lassen. Umgekehrt wird verfahren!

Das Natürliche wäre, das Gegebene erst anschaulich zu erfassen, dann die Begriffe und Gesetze. Umgekehrt wird gelehrt! Der uralte Grundfehler der Lehre! So werden denn Begriffe, Gesetze und Rechnungsformeln eingelernt wie ‚Vokabeln‘.

Dann kommt die Überschätzung der ‚Logik‘ und der ‚Rechnung‘, welcher grundlegende Bedeutung zugesprochen wird, während sie nur Werkzeug sein kann, und dazu kommt die Überschätzung der ‚Methoden‘ und des Schulgelernten überhaupt, das ‚logische‘ Urteilen ohne Rücksicht auf die Sache und das ‚exakte‘ Rechnen nach selbstgemachten Annahmen!

Nach langer Schulzeit sollen die Verbildeten in einer völlig neuen Welt sachlich richtig urteilen oder rechnen, und sie kennen die eigenartige Sache und ihre Abhängigkeiten nicht. Die hergerichtete Schulwelt entschwindet, das Wissen soll jetzt zum Können werden, soll angewendet werden.

Urteil und Rechnung werden jetzt von einem unfehlbaren Richter nachgeprüft; der Schaffende muß die Verantwortung dafür übernehmen, daß alles auch sachlich richtig ist, während es sich vorher beim Urteilen immer nur um Form und ‚Logik‘, beim Rechnen nur um das richtige Verfahren handelte.

Die herrschende wirklichkeitswidrige Lehre verkennt das an sich richtige Ziel, die Schule freizuhalten von besonderen Zwecken, sie muß allgemein bildend sein, der besonderen und der nützlichen Zwecke wäre doch kein Ende. Es wird aber dabei auch das Wirkliche ausgemerzt; Form und ‚Methode‘

herrschen übermächtig und nehmen zudem alle sittlichen Werte der Lehre für sich in Anspruch, als ob sie nur bei bestimmter einseitiger Lehre wirksam sein könnten!

Zweckfrei wird als sachfrei verstanden! Jeder Zweck wird überhaupt geleugnet, während jede Lehre dem Zweck entsprechen muß, fürs Leben zu bilden und die Einsicht im Leben anzuwenden. Sonst würde es sich nur um das Sammeln und Ordnen von Wissen handeln, was mit der Lehre unmittelbar nichts zu tun hat. Selbst die Wissenssammler suchen Erwerb und Versorgung, und die ‚Gelehrten‘, wenn sie zweckfrei bleiben wollten, müßten sich des Lehrens enthalten.

Die Lehre muß mit dem Maßstab des Lebens gemessen werden, nicht mit dem der Schule!

Fürs Leben muß gelernt werden! Das schließt die höchsten sittlichen Forderungen nicht aus: Verlebendigung der Lehre wird sie wirksam erhöhen.

Ordnende Wissenschaften.

Das sind sie alle, da sie immer planmäßig vorgehen müssen, nach besonderen Verfahren, die jedoch nur Vorbereitung und Mittel zu wissenschaftlicher Einsicht sind. Der Schaden, den einseitige ‚Systematik‘ in der Lehre anrichtet, ist meist nicht groß, weil sie wenig bleibenden Eindruck in den Köpfen der Lernenden hinterläßt, schwache Erinnerungen an Einzelheiten, etwa an Härtegrade, an Formen, an Zahlen, Blattstellungen und Staubfäden, an Einzelbegebenheiten, Namen und Jahreszahlen usw. Schädigend ist jedoch die amtliche und herrschende Überschätzung der ‚Methoden‘, die zu unfruchtbarem ‚Schematisieren‘ führen, ohne Zusammenhang mit dem Lebendigen.

Die Lehre ist zumeist nur Methodenlehre. Weil Gedanken fast nur durch Worte ausdrückbar, keine Lehre ohne ordnendes Verfahren wirken kann, wird Wort und Verfahren zur Hauptsache. Sinn und Sache, denen sowohl Wort wie Ordnung und Rechnung zu dienen haben, geraten ins Hintertreffen, Mittel und Sache werden verwechselt! Streng genommen gibt es nur eine Methode: die auf dem kürzesten Wege, mit den einfachsten Mitteln zum Ziele führt. Das Ziel aber kann immer nur das richtige Erfassen der Sache, der Wirklichkeit sein.

Statt dessen werden Methoden um ihrer selbst willen betrieben, immer neue auf Kosten der Sache in die schon schwer überladene Lehre eingezwängt. Daher auch der Wahn der ‚Wissenschaften‘ in unserer Zeit. ‚Methoden‘ stehen zur Sache im gleichen Verhältnis wie Worte zum Sinn. Alle Gewandtheit und Ordnung kann den sachlichen Sinn nicht ersetzen. Ein bekannter Stilsatz könnte so umschrieben werden: ‚Gebraucht einfachste Verfahren und lehrt damit Ungewöhnliches. Sie machen es aber umgekehrt!‘

Dabei wird sogar das Wichtigste der ‚Methoden‘, die richtige Stufenfolge, verfehlt, weil aller Wert in Wort und Verfahren gesucht wird und nicht im Erfassen der Wirklichkeit.

Es gibt, wie erwähnt, nur einen gangbaren Lehrweg, den natürlichen: erst das Gegebene anschaulich erfassen, darauf das Abstrakte. Schon bei Beginn der Lehre herrscht jedoch das Wirklichkeitsferne, nicht das Anschauliche. Dann sind Begriffe und Gesetze zu vermitteln durch besonnenes Erfassen und Verknüpfen von anschaulich darstellbaren Tatsachen. Es wird jedoch rein begrifflich gelehrt, Gesetze werden aufgestellt und ‚bewiesen‘, bevor das Anschauliche erfaßt ist, und so bleiben Begriffe und Gesetze unverstanden.

Allmählich und vorsichtig sollte dann das Urteilen beginnen, innerhalb der innerlich erfaßten Welt der Abhängigkeiten, in der so vieles unsicher und nichts ‚exakt‘ ist.

Gelehrt wird jedoch voreiliges Urteilen in einer selbstgemachten wirklichkeitsfernen Welt. Jedes Urteil sollte nachgeprüft werden, was nur durch selbsttätiges Üben und Anwenden möglich ist. Das fehlt ganz! Denn nur durch Anwenden ist volles Erfassen möglich, das Anwenden wird aber als niedrig abgewehrt. Die bloß ordnenden Wissenschaften haben viele dieser Mißstände verschuldet.

Die grundlegenden Begriffe sind unklar, durch verschwommene Fremdwörter überdeckt, die ebensowohl das Schwierige wie das Sachfremde ausdrücken. Die Verständigung ist dadurch sehr erschwert, und schädigende Gegensätze wuchern, schon in der herrschenden Schule.

‚Schematisieren‘ z. B., das mit Ordnen, mit ‚methodischem‘, ‚systematischem‘ Arbeiten zusammenhängt, bedeutet ebensowohl das geistlose Ordnen, das erstarrende, lebenvernichtende Einreihen als auch die höchste und schwierigste Geistestätigkeit in dem hier entscheidenden Sinne: das Wesentliche einer Sache und ihrer Beziehungen und Abhängigkeiten richtig erfassen und ausdrücken; bedeutet: vereinfachen und zusammenfassen, klare Übersicht schaffen, die Leitgedanken hervorheben.

Wenn die ordnenden Wissenschaften nicht in diesem Sinne wirken, dann bleiben sie tote Lehre. Sie müssen immer die Wirklichkeit erfassen und in ihr das Wesentliche: das Veränderliche, das Lebendige. Das ist der gleiche Boden, der im Zusammenhang mit dem Rechnen maßgebend ist.

Die Schule läßt grundlegende Begriffe unklar, vieldeutig deutet sie durch Fremdwörter willkürlich zugunsten einer einzigen, der herrschenden einseitigen Richtung, so daß sogar im amtlichen Bereiche Schlagworte herrschen, die in den Köpfen der Jugend Verwirrung und Schaden anrichten. Wichtige Begriffe werden entwertet, um unliebsame Richtungen abzuweisen.

Stiefwissenschaften.

Große Wissenschaftsgebiete, auch allerwichtigste, werden schlechter als stiefmütterlich behandelt, sie werden ganz beiseite geschoben, darunter viele Wissenschaft, die die unbequeme Wirklichkeit erfassen muß, ihren vielen wichtigen Bedingungen gemäß. Und solch stiefmütterliches Gebaren herrscht sogar in der Welt der Tatsachen, in den Naturwissenschaften!

Ein auffälliges Beispiel bietet die Reibung, zugleich ein sehr vielseitiges, leicht verständliches.

Die Reibung ist nächst der Wärme das Wichtigste und Einflußreichste für unser Erdendasein.

Starke und schließlich stärkste wissenschaftliche Betätigung während dreier Jahrhunderte, das ‚aufgeklärte‘, das ‚naturwissenschaftliche‘ und das ‚technische‘ genannt, hat dieses gewaltige Gebiet unbeackert gelassen! Und warum das stiefmütterliche Verhalten? Nur deswegen, weil die Reibungswirklichkeit nicht in die üblichen Verfahren paßt! Gelehrt wird heute dasselbe wie vor einem Jahrhundert, irreführend und falsch wie ehedem.

Wärme ist Leben, Reibung ist Halt und Verband, ohne den die Welt, wie wir sie kennen, unmöglich wäre. Reibung ermöglicht Spinnen und Weben, Pressen und Walzen, alles Bauen, beeinflußt alle Formänderung, alle Fortleitung von Kraft, alle Bewegung auf und über der Erde. Die Reibung entscheidet bei allen bewegten Teilen in der Technik als Widerstand, und sehr vertiefte Wissenschaft ist aufzubieten, nur um diesen Widerstand zu mindern, bei Maschinenteilen z. B. durch Schmierung, ein wichtiges Gebiet, das gleichfalls noch wenig erforscht ist.

Vor einer so schmierigen Angelegenheit, obwohl sie Lebensbedingung aller Maschinentriebe ist, verhüllt die hehre ‚Wissenschaft‘ das Haupt, und ihre Vertreter fliehen weitab in die ‚reinen Gefilde‘ theoretischer Betrachtung.

Die Schmierung allein wirft jedoch die Reibungserfassung, die die Schule lehrt, über den Haufen. Die Reibung gilt der Schule als Widerstand an bewegten rauhen Flächen. Der würde jedoch bei Schnelläufern die reibenden Teile in wenigen Sekunden zerstören. Deshalb sorgt der Ingenieur dafür, daß sich die rauhen Metallflächen nicht unmittelbar berühren können, sondern nur mittels einer trennenden Fettschicht, und die reibenden Teile werden so berechnet, ausgeführt und betrieben, daß die Ölschicht zwischen den Flächen unbedingt erhalten bleibt und stets erneuert wird.

Nunmehr erzeugen nicht die rauhen Reibflächen den Widerstand; es tritt ein Flüssigkeitswiderstand der Schmierschicht auf, der ganz anders aufzufassen und zu beherrschen ist als der Widerstand nach der überlieferten schulmäßigen Kenntnis der ‚Reibung‘. Die üblichen Wertzahlen für die Reibungsgröße sind sinnlos bei solchen rasch bewegten Teilen. Wenn unserem Nachwuchs erzählt würde, wie z. B. bei einem Flugmotor die Reibung und Schmierung beherrscht wird, damit die Kolben sekundlich mit hundert Hüben laufen können, dann würde er mehr lernen als durch das Wiederkäuen der ‚klassischen‘ Reibungs-‚Gesetze‘ von Coulomb, die schon vor 100 Jahren nicht richtig waren.

Die Reibung ist grundlegend für alle Schienenbahnen, als Triebkraft und als Widerstand. Ebenso für alle Straßenfahrzeuge, vom gewöhnlichen Pferdefuhrwerk angefangen bis zum Kraftlastwagen und Rennwagen, ebenso für alle Luftbahnen, Seilbahnen, Flugzeuge usw., für alle Bewegung in und auf dem Wasser und in der Luft, denn der Hauptwiderstand während der Bewegung ist Reibung. Ihre Bedeutung erstreckt sich auf alle Schiffahrt, ist entscheidend für Schiffsform und Triebkraft, für gewaltige Gebiete der Binnen- und Flußschiffahrt, der Seefahrt und der Flugtechnik.

Alle Vorrichtungen, um Lasten oder Menschen zu befördern, vom kleinsten Aufzug bis zur großen Fördermaschine der Bergwerke, hängen von der Reibung ab. Damit führt sie auch in wichtige staatliche Angelegenheiten, in die Überwachung der Sicherheit von Betrieben hinein. Die Reibung ist ferner entscheidend für die Berechnung und den Betrieb einer endlosen Reihe wichtiger Kraftübertragungen, bei Bremsen, Riemen-, Seil- und Rolltrieben usw.

Und dieses gewaltige Gebiet gehört zu den vernachlässigten Stiefwissenschaften! Die ‚reine‘ Wissenschaft, die ‚exakte‘ Forschung hat sich damit nicht abgegeben!

Tatsächlich ist die Reibung schwer zu erfassen, obwohl ihre Wirkung jedem alltäglich einfach und leichtverständlich scheint. Diese Schwierigkeit ist wissenschaftlicher Art, und die Wissenschaft weicht ihr aus!

Die Physiker lehnen die Erforschung der Reibung ab, weil sie veränderlicher Natur ist und ihre Wirkung stets von zahlreichen Bedingungen abhängt, daher nicht in die üblichen Verfahren paßt. Eine Frage der ‚Methode‘ ist daher Ursache, daß ein so wichtiges Gebiet stiefmütterlich behandelt wird.

Die Physiker wollen bei ihren Versuchen immer stetige Verhältnisse, wollen allgemeingültige Gesetze aufstellen, nicht aber eine Vielzahl von veränderlichen Einflüssen werten.

Coulomb hat seine Forschungen vor mehr als einem Jahrhundert veröffentlicht. Er war Ingenieur, ebenso wie Poncelet, Prony, Morin, Eytelwein und andere ältere Forscher, und in neuerer Zeit befassen sich überhaupt nur noch Ingenieure mit Reibungsuntersuchungen, die die Physiker aber nicht anerkennen.

Schon diese Tatsachen lassen erkennen, daß hier wissenschaftliche Aufgaben und Schwierigkeiten unbewältigt vorliegen. Die alten angeblichen ‚Gesetze‘ sind sicher unhaltbar; sie widersprechen sinnfällig den Erfahrungen, woraus nur der Schluß zu ziehen ist, daß die bisherigen wissenschaftlichen Versuche unrichtig geleitet und gewertet wurden.

Die Ursache des unglaublichen Rückstandes auf diesem und anderen Gebieten ist immer dieselbe: Die Wirklichkeit wird verkannt oder als unbequem abgewiesen; sie paßt nicht in die üblichen ‚Methoden‘ oder Schablonen, und zugleich wird sie erniedrigend gedeutet.

Eine ähnliche Stiefwissenschaft ist die Stofflehre, die fast nur durch Ingenieurarbeit zu der gewaltigen Festigkeits- und Elastizitätslehre, zur Metallographie und anderen Zweigen ausgebaut wurde; in Zusammenhang damit steht die Erkenntnis der Formänderungen, die Grundlage wichtigster Erkenntnis.

Aus den Stiefwissenschaften wäre nunmehr ein umfassendes Beispiel zu wählen, um auch im einzelnen zu zeigen, daß alle vorerwähnten Wissenschaftsmängel dazu führen, die Köpfe zu verwirren, junge und alte. Das Beispiel müßte zugleich die Schwierigkeiten kennzeichnen, unter denen die zu kämpfen haben, die gegen die herrschende Einseitigkeit Neues anstreben.

Das Gebiet der Reibung ist das geeignetste Beispiel, den Zusammenhang von wissenschaftlicher Einsicht mit Gestaltung, mit wirklichen Betrieben zu klären. Es umschließt die vielseitigsten Beziehungen von großer wissenschaftlicher, technischer und wirtschaftlicher Bedeutung. Dabei bleibt alles, auch in den Einzelheiten, dem gesunden Menschenverstand zugänglich, während andere Beispiele weitab führen in Sondergebiete, nur dem Sachkundigen verständlich.

Das Beispiel der Reibung kann insbesondere dazu dienen, die Widersprüche und Gegensätze zu zeigen zwischen abstrakter Wissenschaft und der Wirklichkeit, die der Ingenieur erkennen muß. Hier können die Grundlagen geklärt und die Kluft gezeigt werden, die zwischen einer vermeintlichen ‚Theorie‘ und der Wirklichkeit klafft.

In älteren Büchern fänden sich viele lehrreiche Irrtümer über Reibung; jedoch könnte eingewendet werden, daß es jetzt leicht sei, Fehler der Vorgänger nachzuweisen. Das Beispiel muß daher neuer Zeit entstammen und womöglich gleichartige Fehler vieler kennzeichnen.

Der Zufall bietet einen solchen Fall: ein naturwissenschaftlich-technisches Werk mit wichtigem Ingenieurziel, neue Wege weisend auf dem Gebiete der bisher so stiefmütterlich behandelten Reibung, das Buch von Professor Dr. Löffler ,Mechanische Triebwerke und Bremsen', das von Theoretikern, Hochschullehrern, heftig und in ungewöhnlicher Form angegriffen wurde.

Dieser Fall bietet kennzeichnende Beispiele, die im einzelnen dieselben unheilvollen Kräfte und Folgen aufweisen, wie sie auch im großen zu unserem Schaden wirken.

,Mehrheitswissenschaft'.

Der Verlauf der äußerlichen Begebenheiten des vorliegenden Falles ist:

Herr Löffler hat den Doktorgrad auf dem Gebiete der Mathematik und Physik erworben, war nach seinem technischen Hochschulstudium Mitarbeiter im Unterricht der Professoren Stodola und Kammerer, war dann leitender Ingenieur, schließlich Mitarbeiter in meinem Unterricht und hat sich vor sechs Jahren als Privatdozent habilitiert, wobei er das erwähnte Buch als wissenschaftliche Arbeit vorgelegt hat. Kürzlich hatte ihm der Minister eine Ehrung zugedacht und vorher die Abteilung für Maschineningenieurwesen befragt, die sich der Meinung des Lehrers der Mechanik anschloß, das Buch verstoße gegen Grundsätze der Mechanik und sein Verfasser sei für eine Auszeichnung ungeeignet. Der Mechanikprofessor wurde von der Abteilung beauftragt, ein schriftliches Gutachten über das Buch vorzulegen, das absprechend und ,vernichtend' abgefaßt war und eine Abstimmungsmehrheit hat die ,Verurteilung' an andere Hochschulen und an den Minister gebracht.

Durch einen Mehrheitsbeschluß wurde also über den wissenschaftlichen Wert eines Buches und seines Verfassers ,befunden'! Ein Göttinger Professor ist dann ersucht worden, ein Obergutachten abzugeben, und mündlich ausgesprochene Meinungen anderer Theoretiker wurden herumgesprochen, stets feindselig gegen den Verfasser.

Es muß angenommen werden, daß alle Mehrheitsstimmer nur ihrer wissenschaftlichen Überzeugung folgten, daß ihnen persönliche Absichten fernlagen, sowie daß alle Beteiligten das

Buch wirklich kennen. Keinem konnte zweifelhaft sein, daß ihr Vorgehen geeignet ist, den Verfasser aufs tiefste zu schädigen.

Inzwischen ist der ‚Bescholtene‘ zum Honorarprofessor ernannt worden, und dieselbe Mehrheit hat beschlossen die Angelegenheit vor Rektor und Senat zu bringen, an alle Hochschulen, vor den Minister, vor die neue Landesversammlung und in die Tageszeitungen, sowie vor eine allgemeine Lehrerversammlung und vor die ganze Studentenschaft.

Ausgangspunkt und Stütze dieses Vorgehens sind die Meinungen einzelner und ihre ‚Gutachten‘. Andere Äußerungen sind vorher nicht bekannt geworden, wohl aber unverantwortlich herumgeredet worden.

Meinungsverschiedenheit über Wesen und Wirkung der Reibung ist daher Anlaß zu dem ganz ungewöhnlichen ‚Rollen der Begebenheit‘.

Der sachliche Zusammenhang ist:

Ein Buch über Reibung kann großen Wert besitzen, selbst wenn es nur Bekanntes sachlich klärt und neue Einsicht vorbereitet. Schon deshalb ist es begründet, es zu veröffentlichen, als Anregung.

Wert und Verdienst des Buches sind viel höher, wenn neue Erkenntnis angeregt wird zu besserer Erfassung der Sache und zu richtigen Versuchen, sowie zur Vorausberechnung von Triebwerken, also wichtigen Kraftübertragungen.

Das Buch vertritt eine neue wissenschaftliche Erfassung der Reibung, die durch Rechnung begründet und veranschaulicht ist, und klärt mehrere Widersprüche auf, die seit jeher zwischen theoretischen Annahmen und praktischer Erfahrung bestanden. Es begründet neue, richtige Versuche als notwendig, Großversuche, die den wirklichen, veränderlichen Betriebsverhältnissen entsprechen, im Gegensatz zu den bisherigen Kleinversuchen der Physiker und auch der Ingenieure. Diese Großversuche sollen aus der bisherigen einseitigen Wertung der Reibung herausführen, sollen richtige, veränderliche Wertzahlen schaffen, an Stelle der jetzigen unveränderlichen, die ausschließlich gelehrt und benutzt werden und wegen des Widerspruchs mit der veränderlichen Wirklichkeit Verwirrung und Schaden stiften.

Bücher und Lehre bringen jetzt viel Einseitiges, aufgebaut auf überlieferte willkürliche Annahmen, auf wirklichkeitswidrige Voraussetzungen, losgelöst von den allein maßgebenden Betriebszuständen, von den Erfahrungen, die den früheren Forschern unbekannt waren.

Das Buch geht von der Wirklichkeit der Ingenieure und der Betriebsverhältnisse aus, unter denen die Schaffenden verantwortlich rechnen und gestalten müssen.

Die Gleichgewichtsbedingungen umfassen alle Formänderungsverluste und die vielfachen veränderlichen Einflüsse, die auch gewertet werden sollen, sobald richtige Versuche die Einzelheiten und Wertzahlen liefern. Die jetzt üblichen Begriffe: Reibung, Rollwiderstand, Reibungszahlen usw. tragen den vielen veränderlichen Verhältnissen keine Rechnung. Die Lehrbücher bis herab zu den Formelsammlungen für Techniker und Zeichner sind erfüllt von Zahlenangaben für ‚Reibungskoeffizienten'. Woher sie stammen, welcher Art die Versuche waren, unter welchen Voraussetzungen und mit welchen Mitteln gemessen wurde, wird nicht gesagt. Jeder Erfahrene weiß jedoch, daß die Werte ganz von diesen Versuchsbedingungen abhängen.

Im besonderen ist die neue Auffassung der Reibung angewendet auf Triebwerke. Bremsen wurden bisher unzutreffend berechnet, weil auf die veränderlichen und elastischen Verhältnisse an den Reibflächen keine Rücksicht genommen wurde, weil sie die üblichen einseitigen Reibungszahlen der Lehrbücher benutzen und viele folgenschwere Fehler veranlaßten, ohne daß die Ursachen ausreichend geklärt wurden.

Die Kraftverhältnisse sollen der veränderlichen Wirklichkeit gemäß gerechnet und Reibungszahlen nur verwendet werden, wenn sie aus Großversuchen gewonnen sind, die den Betriebsverhältnissen entsprechen.

Es ist gezeigt, daß bei Bremsen von Kraftmaschinen Fehler begangen werden, die bei strengen Gewährleistungen nicht zulässig sind, daß über übliche Bremsarten unzureichende Angaben vorliegen, daß die Rechnungen den wirklichen Betriebszuständen widersprechen, daß die Bremskräfte Wellenbrüche verursachen können und viele Unfälle auf die Bremswirkung zurückzuführen sind..

Es ist gezeigt, daß die üblichen Berechnungen von Riementrieben der Wirklichkeit nicht entsprechen, daß mit den üblichen
Reibungszahlen nicht zu rechnen ist, sondern mit den Betriebszahlen für das Spannungsverhältnis, als Maß für das Haften
der Riemen, daß für getriebene und treibende Scheiben verschieden zu rechnen ist, und daß die üblichen Rechnungen nur
für einen verlustlosen Trieb gelten.

Bei den Zahntrieben sind die Kraftwirkungen samt den
Gleit- und Rollverlusten untersucht, den wechselnden Verhältnissen gemäß, und es ist angegeben, wie Versuche durchzuführen
sind, damit die Wertzahlen der Wirklichkeit entsprechen usw.

Auch wenn nur ein Teil dieser Neuerungen geeignet ist,
neue Einsicht zu bieten, verdient die Veröffentlichung den Dank
der Fachleute, selbst dann, wenn einige oder mehrere fehlerhaft
oder mangelhaft wären.

In seiner Schrift: ‚Theorie und Wirklichkeit bei Triebwerken und Bremsen‘ (Verlag von R. Oldenbourg, München)
hat Herr Löffler die bisher vorliegenden ‚Gutachten‘, soweit
sie sich zur Sache aussprechen, vollständig abgedruckt und
widerlegt. Hier ist nur das Wesentliche hervorgehoben
und nur das, was allgemein wichtig ist, denn gerade das, ja
sogar das sachliche Wesen des Streites, kommt in den ‚Gutachten‘ nicht zum Ausdruck, weil sie offensichtlich persönlich
gerichtet sind und es vermeiden, jeder Bemängelung die eigene
Auffassung, also die vermeintlich richtige, gegenüberzustellen.
Es werden nur Behauptungen ausgesprochen und die von Löffler
dargelegten rechnerischen Zusammenhänge angefochten, ohne
dafür beweiskräftige Gründe beizubringen und ohne anzugeben,
wie die Rechnung lauten müßte, damit sie nicht nur den theoretischen Grundsätzen der Mechanik, sondern auch der Wirklichkeit, den Tatsachen der Betriebserfahrung entspreche.

II. Wissenschaftliche Gegensätze.

Kleinstversuche und Ingenieurwirklichkeit.

Selbst bei Besprechung der Grundlagen des Buches stellen die Kritiker der neuen Erfassung der Reibung keine andere oder eigene Auffassung entgegen; sie behaupten nur, das Neue stände

> „in Widerspruch mit den Anschauungen und Ergebnissen der physikalisch-technischen Forschung",

und weisen auf Versuche in Königsberg hin, welche beweisen sollen:

> daß die Reibung der Ruhe sehr viel kleiner sei als die der Bewegung, ja nahezu gleich Null!

Die altbekannte Tatsache, daß die ‚Reibung der Ruhe' stets größer ist als die der Bewegung, soll somit erschüttert sein. Damit schwankt aber eine wichtigste Grundlage für Menschen und ihre Bauwerke.

Die Versuche, die diese seltsame Meinung steifen sollen, wurden von Fräulein Jakob als Doktorarbeit durchgeführt; Professor Kaufmann hat darüber in einer Physikerversammlung berichtet (Physikalische Zeitschrift 1910, S. 985 u. f.), und seine Angaben reichen vollständig aus, Art und Ergebnisse dieser Versuche zu beurteilen.

Zunächst hebt er hervor, daß die Physiker die Gleitreibung seit langem stiefmütterlich behandeln, daß seit den ‚klassischen Versuchen Coulombs' nur wenig veröffentlicht wurde, und daß die von Technikern ausgeführten Versuche nicht heranzuziehen seien.

Für physikalische Untersuchungen müsse die besondere Art der Reibflächen ausscheiden, selbst jegliche zufällige Verunreinigung. Diese Flächen müßten weitestgehend hergerichtet werden, so daß unter Bedingungen versucht und beobachtet werde, die unveränderlich sind und genau wiederholbar.

Dann ist mehrfach ‚der starke Einfluß minimalster Verunreinigungen', ‚der enorme Einfluß minimalster Unreinheiten der Oberflächen' hervorgehoben.

Deshalb wurden ‚äußerst glatte‘ Reibflächen hergestellt und Körper aus besonderem Glas verwendet, und deren geschliffene Flächen wurden sorgfältigst gereinigt, auch chemisch. Während der Versuche wurden Feuchtigkeit und Temperatur der Luft geregelt und immer unter gleichen Verhältnissen gearbeitet. Deshalb wurde sogar der Einfluß der Luft und des Luftdruckes ausgeschaltet und alle Versuche unter der Glocke einer Luftpumpe in Luftleere durchgeführt.

Bei den Versuchen wurde jedoch das bekannte Neigungsverfahren benutzt, die Bewegung abhängig vom Neigungswinkel der Versuchsbahn bestimmt, also ein durchaus rohes Verfahren.

Das Ergebnis war anfänglich das altbekannte: Bei entsprechendem Reibungswinkel setzte sich der Reibkörper plötzlich in gleichmäßig beschleunigte Bewegung.

Jede Spur eines Fremdkörpers auf der Berührungsfläche ergab Beobachtungen, die ganz den alten Reibungsgesetzen von Coulomb entsprachen.

Mit erreichbar glattesten und dabei sorgfältigst gereinigten Reibflächen wurden dann die veränderlichen und damit zugleich die wirksamsten Ursachen der Reibung möglichst ausgeschaltet, und es ergab sich die Bewegung auf der Neigungsbahn schon bei auffällig geringen Neigungen; die Bewegung war gleichmäßig und nicht beschleunigt. Die Werte sind auffällig niedrig; ‚an Stelle der unstetigen Coulombschen ist eine ganz stetige Abhängigkeit getreten‘.

Künstliche Fettschichten zwischen den Reibflächen zeigten keinerlei bemerkbaren Einfluß auf die Reibung. Ein Einfluß der Luftleere konnte nicht festgestellt werden. Die Reibflächen waren ‚so klein als möglich‘, damit die Luft zwischen den Reibflächen rasch entweichen konnte. Die Reibfläche betrug ‚einige tausendstel Quadratmillimeter‘.

In der Veröffentlichung ist mit keinem Worte angedeutet, daß den Ergebnissen eine grundlegende Bedeutung oder überhaupt eine Wichtigkeit für die Wirklichkeit zukomme. Die Versuche sind an eine äußerste Grenze verschoben, an welcher vielleicht neue Erkenntnisse gewonnen werden können. Ingenieure werden solche in den vorliegenden Ergebnissen nicht finden, und die Physiker haben keine behauptet.

Die Physiker weisen die Auffassung der Ingenieure ab, die ‚abstrahierenden‘ und die Wirklichkeitswisenschaften gehen getrennte Wege. Professor Kaufmann beginnt auch seine Mitteilungen mit einem Ausspruch, der Ingenieurstreben von der einseitig gewollten Forschung scheidet:

‚Die von technischer Seite ausgeführten Untersuchungen kommen hier nicht in Betracht, da sie von ganz anderen Gesichtspunkten ausgehen und namentlich die Oberflächen der Körper so nehmen, wie sie in der Praxis vorkommen, das heißt mit allen unvermeidlichen Verunreinigungen durch Poliermittel, Staub, Oxydschichten u. a.‘

In der Besprechung haben auch andere Physiker den Gegensatz zu den Ingenieuren hervorgehoben, die wichtige Gesetze ‚bezweifeln‘ und manche Gesetze über Reibung ‚nicht glauben wollen‘.

Die Physiker wollen an ihren unveränderlichen Versuchsbedingungen festhalten und das Veränderliche abweisen, das jedoch die Wirklichkeit kennzeichnet.

Damit wird bestätigt, daß allein die Absichten, die Leitgedanken entscheiden und der Zweck der Versuche bestimmend ist; Physiker wollen Versuche nur unter stetigen, wiederholbaren Verhältnissen durchführen; die Reibung, die immer veränderlich ist, fällt somit aus ihrem Forschungskreise heraus.

Die Ingenieure wollen ebenfalls den schwierigen Zusammenhängen und allen Erscheinungen, den ursächlichen, gesetzmäßig zu erkennenden Gründen nachgehen. Ihre Mittel und Wege sind jedoch andere als die der Physiker, weil sie die Voraussetzungen der Versuche anders erfassen müssen, nämlich gemäß der veränderlichen Reibung in der Wirklichkeit.

Die Physiker wollen die Versuchsstücke so zurichten, daß die unbequemen veränderlichen Einflüsse ausgeschieden werden und nur einzelne zurückbleiben, die untersucht werden.

Wir wollen auch an den lehrreichen äußersten Grenzen beobachten, müssen aber der Wirklichkeit genügen. Wir werden nicht die Versuchsstücke ändern, sondern die Verfahren, so daß sie der Wirklichkeit entsprechen.

Dadurch, daß die Physiker unsere Arbeitsart ablehnen, weisen sie die Reibung in ein äußerst enges Gebiet, auf das

wir nur folgen würden, wenn das Versuchsverfahren aussichts
reich wäre.

Die Frage ist wieder, ob die Voraussetzungen dieses Verfahrens zutreffend sind: ob die Gleitreibung dadurch erforscht
werden kann, daß die wesentlichen veränderlichen Ursachen
der Reibung ausgeschaltet werden.

Ingenieure und Physiker sind keine grundsätzlichen Gegner,
sie gehen nur verschiedene Wege. Der Weg der Physiker führt
überwiegend in die Kleinphysik, unserer in die Großversuche,
die allein die Bedingungen der Wirklichkeit voll berücksichtigen können.

Erfahrene, wissenschaftlich arbeitende Ingenieure würdigen
die Auffassung der Physiker vollständig, müssen aber von der
Tatsache ausgehen, daß die Gleitreibung auf dem bisherigen
physikalischen Wege nicht erforscht werden konnte, daß
die bisherigen Erklärungen, Versuchsdeutungen und ‚Gesetze‘
der Erfahrung grob widersprechen, und daß diese
Widersprüche mit der Wirklichkeit erst wissenschaftlich
aufzuklären sind. Wir dürfen nicht gegen die unfehl-
bare Wirklichkeit verstoßen, denn wir sind für ihre
richtige und vollständige Erfassung bei unseren Werken
verantwortlich.

Bei den Königsberger Versuchen ist planmäßig bis aufs
Erreichbare alles ausgeschaltet worden, was die Wirklichkeit
kennzeichnet, die ihre Bedingungen vorschreibt. Die Reibung
in der Wirklichkeit der Technik ist nicht nur beeinflußt durch
‚Poliermittel, Staub und Rost‘, sondern viel entscheidender und
ganz unvermeidlich durch:

große Abnutzung, durch die Abnutzungsteile, die zwischen
die Gleitflächen gelangen, durch Größe und Art der Reibflächen;
durch den Einheitsflächendruck und auch durch dessen
wirkliche Verteilung auf den Reibflächen, durch den jeweiligen
Schmierzustand, durch den Lauf und die Beherrschung der
erzeugten Wärme usw.

Umstände, die alle und einzeln die Reibungswirkung,
das Erfassen, Berechnen, Ausführen und den Betrieb
beeinflussen und durch keinen ‚abstrahierenden‘ Versuch geklärt werden, am wenigsten, wenn die wesentlichsten Rei-
bungsursachen bewußt ausgeschieden werden.

Zwischen Physikern und Ingenieuren ist ein gewisser Gegensatz leider unvermeidlich hinsichtlich der Versuchsverfahren und der Ziele; jedoch ist er eigentlich nur ein Gradunterschied.

Physiker wollen bei Versuchen und Überlegungen jede Nebenwirkung ausschalten und auch die Anwendung der Erkenntnis; beide sind ihnen meist unbekannt. Sie suchen neue Einsicht, frei von störenden Nebeneinflüssen und Anwendungen. Die Arbeitsgebiete und die Verfahren scheiden sich mit Recht und auf vielen Gebieten mit Erfolg nach beiden Richtungen. Der Ingenieur beschränkt bei seinen Versuchen gleichfalls die Ziele und Nebenwirkungen, jedoch in sachgemäßer Auswahl, entsprechend der gegebenen Wirklichkeit und den Betrieben, die er befruchten will. Und diese Auswahl kann nur der Erfahrene, der Betriebskundige treffen.

Eine Kluft öffnet sich und wird widersinnig und schädigend, wenn sich die Physiker wegen ihrer Verfahren von wichtigen Wissenschaftsgebieten ganz zurückziehen, oder wenn vermeintliche ‚Ingenieure‘, nämlich einseitige Theoretiker, physikalische Ergebnisse unzulässig verallgemeinern oder vielseitige Ingenieuraufgaben als einfache physikalische behandeln wollen. Beides ist einseitig. Ebenso einseitig wie das Streben der Ingenieure, die bei ihren Versuchen nur den engbegrenzten Betriebsaufgaben nachgehen, allgemeine Einsicht gar nicht suchen, hingegen gemessene Summenwirkungen für allgemeine Erkenntnis halten.

Die Physiker haben die Reibung ganz vernachlässigt, haben selbst das Gebiet der Luftreibung und der Flüssigkeitswiderstände stiefmütterlich behandelt. Und Fach-Theoretiker, denen die Betriebe und ihre Forderungen unbekannt sind, die auch nicht Physiker sind, selbst nicht forschen, weder ‚rein‘ noch voraussetzungsvoll, wollen in Ingenieurfragen richten. So im vorliegenden Fall:

Durch Mehrheitsmeinung von Professoren, die Ingenieure erziehen sollen, wird ein rein physikalischer Grenzversuch dem neuen Streben entgegengestellt, das die wirklichen Widerstände besser als bisher werten und Ingenieuraufgaben klären will, während die Deutung des ihm entgegengehaltenen abstrakten Kleinstversuchs dazu nichts beitragen kann.

Wenn die Königsberger Versuche irgendwie mit der Wirklichkeit in Verbindung gebracht werden, was die Physiker nicht getan haben, sondern nur die Mehrheitswissenschaftler, dann sind sie im vorliegenden Zusammenhang grundsätzlich als irreführend abzuweisen. Dann dürften sie nicht heißen: ‚Versuche über gleitende Reibung‘, sondern:

‚Versuche, die wesentlichen Ursachen der Reibung auszuschalten‘, ‚Versuche mit möglichst reibungsfreien Flächen‘ oder ähnlich.

Seltsam, daß Hochschullehrer, die doch Ingenieure bilden sollen, die Wirklichkeit derart verkennen, daß sie, statt sich einer unserer vielen ungelösten Aufgaben zu widmen, dem ersten ernsten Versuch, auf dem vernachlässigten Gebiet der Reibung vorwärts zu kommen, mit dem Hinweis auf Kleinstversuche gänzlich anderer Art entgegentreten, auf Versuche mit besonders geschliffenen Glaskanten von einigen tausendstel Quadratmillimeter Fläche, die überhaupt keine ‚Reibung‘ ergeben, deren Ergebnisse entweder alltäglich oder weltumwälzend werden, je nachdem die winzige Reibfläche richtig abgewischt wurde oder nicht! Versuche, unter ungewöhnlichen Umständen durchgeführt, die jeder Betriebswirklichkeit und sogar dem Wesen der Reibung widersprechen! Diese ‚Ingenieure‘ und Mehrheitswissenschaftler deuten die Versuche sinnwidrig.

Merkwürdig, daß die eifrigen Krittler, die den Grenzversuch ausgegraben haben, viel Wichtigeres übersehen:

daß in Ingenieurkreisen zunehmend gewarnt wird vor der Gefahr, physikalische Versuche ohne weiteres auf Betriebsverhältnisse zu beziehen, daß immer dringender Großversuche gefordert werden, weil engbegrenzte physikalische längst nicht mehr ausreichen und ihre Voraussetzungen den Betriebsbedingungen widersprechen; daß auf dem großen Felde der Reibung Versuche verlangt werden, die den tatsächlichen und wechselnden Betriebszuständen der Maschinenteile und Triebwerke entsprechen.

Das Buch regt das Richtige an, durch Großversuche auf neuer Grundlage bessere, dynamische Wertzahlen für die Reibungswirkung zu erlangen, damit endlich die sinnwidrigen konstanten ‚Koeffizienten‘ dunkler Herkunft aus den Rechnungen der verantwortlichen Ingenieure verschwinden.

Die Königsberger Versuche sind in diesem Zusammenhang selbst in ihrer Grundlage wissenschaftlich bedenklich. Denn sie sind derart an eine äußerste Grenze gerückt, daß ‚minimalste‘ Nebenwirkungen, kleinste Unreinheiten die Ergebnisse tief beeinflussen und in ihr Gegenteil verkehren könnten. Die wissenschaftliche Sicherheit muß bei solchem Einfluß ‚minimalster‘ Einflüsse verschwinden. Die Beobachtung, daß die Reibung mit der Bewegung zunahm, kann so gedeutet werden, daß die Reibfläche zu Anfang peinlich genau zugerichtet war, durch die Versuchsbewegung jedoch beansprucht und dadurch verändert wurde, daß somit der anfängliche Versuchszustand der Flächen gestört wurde. Jede Beanspruchung erzeugt entsprechende Formänderung; diese ist unter den gegebenen Umständen sehr gering, jedoch bei solchen Zwergversuchen nicht zu vernachlässigen gegenüber den vielen anderen ‚minimalsten‘ Einflüssen. Die gemachten Beobachtungen können, trotz den ungewöhnlichen Maßnahmen, auf die zufällige Veränderung der Reibflächen zurückgeführt werden, die wieder abhängig ist von anderen unbekannten kleinsten Veränderungen, während die Versuche grundsätzlich gleichbleibenden Zustand voraussetzen! Viele ‚minimalste‘ Veränderungen wirken hier mit:

die Schmiermittel zwischen den Reibflächen, nicht bloß die Luft, allerlei Fremdkörper zwischen den Gleitflächen, die chemisch nicht abwaschbar sind. Bei Kleinstversuchen werden eben alle Nebeneinflüsse stark; nachdem die Haupteinflüsse absichtlich ausgeschieden wurden, werden Nebeneinflüsse wirksam, die zum Teil gar nicht bekannt sind, z. B. Oberflächenwirkungen. Nicht ausgeschieden sind auch die Massenwiderstände der Versuchskörper und die zufälligen Erschütterungen.

Es ist sogar zu bezweifeln, ob das an sich schon recht grobe Neigungsverfahren überhaupt zulässig ist bei den vielen ‚minimalsten‘ Nebenwirkungen. Es müßten für solche Feinversuche erst genauere Versuchsverfahren erdacht und erprobt werden. In keinem Fall können weittragende Schlüsse aus solchen Versuchen gezogen, verallgemeinert oder angewendet werden.

Der Gebrauch, den die Beschlußmehrheit von diesen Versuchen macht, ist ebenso unzulässig wie ihre Behauptung, die Angaben des Buchs ständen in Widerspruch mit den Ergebnissen der Forschung!

‚Wissenschaft‘ und Gefängnis.

Es ist eigentlich spaßhaft und doch tief traurig, daß die urteilseifrigen ‚Gutachter‘ beim ersten Versuch, einer Lösung der großen, überaus schwierigen, bisher ungelösten Ingenieuraufgaben näher zu kommen, dem Neuerer die erwähnten Kleinstversuche entgegenhalten. Dies zeigt sich selbst für Sachunkundige auffällig, wenn das Beispiel der Berechnung von Maschinenbremsen näher verfolgt wird.

Die ‚Gutachter‘ wollen mit den üblichen Formeln und Zahlen weiterrechnen, wollen die geforderten veränderlichen Werte abweisen, also die Wirklichkeit und die Erfahrung vernachlässigen, die ihren einseitigen Annahmen sinnfällig widerspricht.

Schaffende Ingenieure im Gegensatz zu Theoretikern müssen jedoch für richtiges Rechnen und Gestalten schwere Verantwortung tragen, die sie selbst vor den Strafrichter bringen kann.

Der Ingenieur habe die Bremse einer großen Fördermaschine zu berechnen, wobei es sich, im Gegensatz zu den erwähnten Glaskanten von einigen tausendstel Quadratmillimeter Reibfläche, um Bremsbacken von etwa zwei Meter Länge und Reibflächen von einem Quadratmeter handeln kann. ‚Analogieschlüsse‘ wird kein Erfahrener wagen. Die Reibungszahlen der Theoretiker versagen alsbald, denn sie sind alter, unbekannter Herkunft, und die alten Reibungs-‚Gesetze‘ stimmen nicht, weder allgemein noch in dem besonderen Falle.

Das weiß der Ingenieur aus Erfahrung, meist aus eigener schmerzlicher, auf die eigene Haut geschriebener. Deshalb sucht er eine Stütze in den Reibungszahlen, die von Ingenieuren gewonnen wurden, die jedoch wieder für die Bedingungen der besonderen Aufgabe nicht stimmen. Er kann dann zwischen großen und kleinen Zahlen wählen, die vielleicht um das Zehnfache voneinander abweichen. In dieser Unsicherheit soll seine eigene Einzelerfahrung entscheiden oder der ‚Instinkt‘. Jede Sicherheit der Rechnung fehlt, die überweisen Theoretiker und ihre Koeffizienten versagen ganz.

Der verantwortliche Ingenieur steht mit einem Fuße im Gefängnis, denn die Fördermaschine dient der Menschenfahrt, und die staatlichen Stellen wachen, sie verurteilen den

Ingenieur, wenn ein Unfall eintritt, nicht die einsichtslosen Theoretiker, die die falschen Zahlen angeben und verbreiten. Die staatlichen Fachkundigen hüten sich jedoch, ebenso wie die Theoretiker, anzugeben, wie Bremsen richtig berechnet und ausgeführt werden.

Zwischen Wissenschaft und Gefängnis befindet sich der Ingenieur in der übelsten Zwangslage:

Ergibt die Bremse nicht die verlangte Wirkung, dann meldet sich der Besteller und verlangt Erfüllung der vorgeschriebenen Gewährleistung. Große Verluste an Zeit und Geld drohen.

Ereignet sich wegen zu geringer Reibung ein Unfall, dann meldet sich der Staatsanwalt und das Gefängnis droht, denn es finden sich ‚Sachverständige‘, die nachträglich ‚nachweisen‘, die Reibungszahl hätte anders gewählt werden müssen, und an beliebiger Zahlenauswahl zu solchem Nachweis fehlt es nicht.

Rechnet und verwirklicht der Ingenieur die Reibung zu groß, dann meldet sich der Erbauer der Maschine, weil ihm die starke Bremse zu teuer wird.

Außerdem kann nunmehr ein Unfall eintreten gerade deshalb, weil die Bremswirkung zu stark ist und bei unvorsichtiger Handhabung die Welle der Fördermaschine brechen kann; die Folgen können dann noch schlimmer werden als bei zu schwacher Bremse. Und so erscheinen vor dem verantwortlich Schaffenden wieder der Besteller mit seinem Schaden und der Staatsvertreter mit dem Gefängnis!

Nur deshalb, weil die uralte ‚reine‘ Wissenschaft richtige Reibungszahlen versagt!

Dieser schmähliche Zustand herrscht seit mehr als einem Jahrhundert, weil sich die Physiker mit der Reibung überhaupt nicht befassen und einseitige ‚Wissenschaftshüter‘ die alte jämmerliche Koeffizientenwirtschaft empfehlen und jetzt, wo sich ein Neuerer zeigt, sofort den Fortschrittsweg schon im ersten Anstieg abweisen.

Verneinen! Nörgeln! Hingegen das vermeintlich Richtige nicht selbst angeben, nichts selbst leisten! Nur den Neuerer anfallen. Das ist das Leben der mit Unfruchtbarkeit Geschlagenen, die Schaffen und Verantworten nicht kennen.

Formelglaube und ‚Grenzwerte‘.

Die ‚Gutachter‘ erheben grundsätzlich den Vorwurf, daß die neuen Erkenntnisse für die ‚Grenzwerte‘ nicht stimmen, daher unrichtig seien, und sie wenden die neuen Beziehungen nur auf Grenzfälle an.

In den rechnenden Wissenschaften sind ‚Grenzwerte‘ wichtig, und es wird — als ob es selbstverständlich wäre — verlangt, daß z. B. Gleichungen stets für äußerste Grenzen gelten und richtige ‚Grenzwerte‘ ergeben.

Diese Forderung ist indes nur richtig, wenn die Voraussetzungen der Rechnung die vermeintlichen ‚Grenzfälle‘ einschließen; sonst ist sie ein Denkfehler, der im Bereiche der vermeintlich ‚exakten‘ Rechnungen leicht begangen wird. Wie immer entscheiden die Voraussetzungen, die Annahmen, die der Rechnung oder Überlegung zugrunde liegen! Die Forderung ist nur in den seltenen Fällen berechtigt, wo infolge der Voraussetzungen die Grundbeziehung allgemein gilt — tatsächlich allgemein gilt und nicht nur in der Einbildung. Die Forderung ist jedoch abzuweisen in den vielen Fällen, in denen eine Erkenntnis, ein ‚Lehrsatz‘ nur unter bestimmten Voraussetzungen, unter selbstgemachten Annahmen gilt, die die Grenzfälle nicht einschließen oder wohl gar ausdrücklich ausschließen.

Weil in den Wissenschaften immer von ‚Erkenntnis‘, von ‚Grundsätzen‘ und Formeln gesprochen wird und selten oder nie von ihren beschränkenden Voraussetzungen, deshalb wird Wichtiges mißverstanden, deshalb wird falsch gedeutet und die Kluft zwischen ‚Theorie‘ und Wirklichkeit immer mehr erweitert.

Die gemachten Voraussetzungen gebieten jedoch; sie allein entscheiden über alles weitere Denken, Forschen, Versuchen, Deuten und Rechnen, das stets von den Annahmen abhängig bleibt, bis weitere, bessere Annahmen gefunden werden und damit weitere Abhängigkeiten vorliegen. Wenn die Voraussetzungen die ‚Grenzfälle‘ nicht einschließen, dann kann auch das Rechnen und Deuten für diese Grenzen nicht gelten.

Der Fehler liegt dann nicht in der Rechnung, sondern im falsch deutenden Kopf, der die Abhängigkeiten nicht kennt oder nicht würdigt, die die Rechnung und das Urteil begrenzen. Wenn in eine neue Erkenntnis Unrichtiges einseitig theoretisch hineingedeutet oder daraus herausgelesen wird, dann ist stets der Erfahrungslose daran schuld, der die maßgebenden Voraussetzungen nicht kennt, der gewohnt ist nach Formeln und Lehrsätzen zu ‚urteilen‘, der für allgemein gültig hält, was voraussetzungsvoll ist und nur eng begrenzt gilt.

Im vorliegenden Fall wenden die ‚Gutachter‘ die neue Erkenntnis unzulässig auf vermeintliche ‚Grenzfälle‘ an, die jedoch völlig neue Fälle sind mit geänderten Betriebsbedingungen.

Wenn im ‚Grenzfall‘ die Anfangsreibung in der gegebenen Wirklichkeit tatsächlich gleich Null werden könnte, wie die Gutachter aus den erwähnten Königsberger Versuchen herausdeuten, weil sie eine Neuerung bemängeln wollen, dann käme unvermeidlich die größte Umwälzung auf unserem Erdball, von der wir bisher trotz Jahrtausende alter Erfahrung durchaus keine Ahnung hatten. Die Welt würde sich seltsam verändern: Kein Pfahl, kein Nagel würde mehr halten, alles Genäh, Gewirk und Geweb würde zerfallen, sowie alle Fäden und Filze; das Ende aller Straßen, Eisenbahnen und Bauten und jedes Verbandes wäre gekommen, denn Dämme und Hänge würden abrutschen, Hügel und Berge Rutschland werden; nie wieder könnten Steine aufgetürmt werden, wie es die ägyptischen Froner vor Jahrtausenden vollbringen konnten, weil damals die Anfangsreibung entschieden größer war als die der Bewegung. Vieh und Menschenkind könnte weder stehen noch gehen, nur rutschen. Statt Menschen und Lasten umständlich in Bewegung zu setzen, wären sie vor dem Wegrutschen zu behüten! Lokomotiven könnten auf Schienen nicht mehr anfahren, alle müßten Zahntrieb erhalten. Das folgenschwerste Ereignis in Natur und Technik wäre da! Alles das wegen der Deutung der Versuche des Königsberger Fräuleins mit dem geschliffenen Glassplitter, dem »äußerst sorgfältig abgewischten«, dem unter besonderer, verdünnter Luft peinlich untersuchten!

Dieser äußerste, betriebsunmögliche Grenzfall wird

herangezogen von »Ingenieuren« angesichts so vieler gewaltigen Aufgaben, die noch ihrer Lösung harren, die Physik und Technik bisher vernachlässigt haben!

Warum verweisen die Gutachter nicht auf die Ingenieurversuche, die schon vor langem mit Glasplatten durchgeführt wurden, gleichfalls in der Absicht, veränderliche Wirkungen auszuscheiden? Keine weltbedrohende Erfahrung wurde damit gewonnen, nur andere Einleitung der Formänderungen und der Bewegung.

Selbst über diesen Grenzfall gibt die bemängelte neue Versinnbildlichung der Reibungswirkung durch ,Zähne' Aufschluß. In unserer unvollkommenen Welt ist es nämlich unmöglich, selbst auf Glasplatten die ,Zähne' vollständig wegzuschleifen und ganz glatte Flächen herzustellen, die dann reibungslos wären. Es gelingt nur, sie auf Zahnstümpfe abzuschleifen; diese übriggebliebenen stumpfen Unebenheiten greifen dann unsicher ineinander, und wegen ihrer geringen Höhe werden ihre Formänderungen kleiner, daher die andere Art des Anlaufs.

Die ,Gutachter' nennen die neue Darstellung der Reibung ,unsinnig'. Sie ist jedoch geeignet, die entscheidenden veränderlichen Formänderungen, die bisher ganz übersehen wurden, verständlich zu machen.

Unsinnig hingegen ist die jetzige Reibungslehre, die den praktischen Erfahrungen nicht gerecht wird und nur in sehr rohen Grenzen gilt, trotzdem aber an allen Schulen und Hochschulen jahraus jahrein gelehrt wird. Unsinnig ist es, den mit Recht geforderten Großversuchen, den Betriebsversuchen, die der Wirklichkeit entsprechen, die Versuche über möglichste Reibungslosigkeit an einer völlig betriebsfremden äußersten Grenze entgegenzustellen und damit diesen Splitterversuchen eine Deutung zu geben, die kein Physiker verantworten wird.

Auf diesem vernachlässigten Feld der Reibungsforschung könnten die Besserwisser eigene schaffende Kraft betätigen, statt die sinnlosen konstanten Reibungskoeffizienten zu empfehlen und in die ,exakten', unter dem Rezipienten der Luftpumpe ausgeführten Grenzversuche etwas hineinzudeuten, was nie allgemein gelten kann.

Man vergleiche damit die umfassenden Ingenieurversuche,

u. a. die von Stribeck und Lasche über Lagerreibung, und die sehr vorsichtigen allgemeinen Schlußfolgerungen, die diese Erfahrenen an ihre Reibungsversuche knüpfen.

Die Gutachter verkennen stets die Grenzwerte und damit die Voraussetzungen, unter denen die Beziehungen nur gelten und zu deuten sind. Ihre vermeintlichen Grenzwerte entsprechen nicht Grenzfällen, sondern betriebsunmöglichen, völlig anderen Zuständen, für welche die Beziehungen nicht aufgestellt sind, für die sie auch nicht gelten können.

Fern von aller Betriebserfahrung stehend, sehen sie nicht, was der Erfahrene stillschweigend als selbstverständlich voraussetzt, daß z. B. die Vorspannung in einem Riementriebe sehr viel größer sein muß als die Wirkung der Fliehkraft während des Betriebs, die zwar die Riemenspannung nicht ändert, wohl aber die Haftung. Der Fall unzureichender Vorspannung ist für den Erfahrenen überhaupt kein Betriebsfall und auch kein Grenzfall. Die ‚Gutachter‘ behandeln nur diesen!

Den Einfluß der Fliehkraft beurteilen sie nur für den vermeintlichen ‚Grenzfall‘, für den die Voraussetzungen nicht gelten können, sie beurteilen nur den betriebswidrigen Fall, bei dem die Kraftübertragung aufhört, und wollen für den ordnungsmäßigen Krafttrieb die Bedingungen des versagenden Rutschtriebs voraussetzen.

So werden Einzelheiten betriebswidrig gedeutet. Die Einseitigkeit verzichtet auf Erfahrung und Wirklichkeit und beruft sich auf ‚Autoritäten‘.

Ein Hauptpunkt des Streites ist:

Die Krittler behaupten, beim Riementrieb trete unvermeidlich stets Gleitreibung auf, daher ‚Gleitschlupf‘ des Riemens auf der Scheibe, und sie berufen sich auf die Autorität des englischen Physikers Reynolds und des ihm nachfolgenden Theoretikers Grashof, beides Männer von höchsten Verdiensten, die vor mehr als fünfzig Jahren, als wissenschaftliche Versuche erst anfingen und maschinentechnische noch unbekannt waren, die unzutreffende Annahme gemacht haben, nur auf einem Teilumfang werde Kraft übertragen, auf dem anderen wirke hingegen Gleitreibung, und der Schlupf sei seine unvermeidliche Folge. Nun greifen die Eiferer den Neuerer heftig darum an, daß er dies nicht einsehen oder wenigstens glauben wolle. Und zudem soll nach dieser Annahme das Gleiten dort eintreten, wo die Anspannung am größten ist! So wird der Betriebszustand von Riementrieben aufgefaßt, weil ein Kleinversuch von Reynolds über Abrollen einer Walze auf einem Gummiband so gedeutet wurde, und das ist eiserner Bestand der ‚wissenschaftlichen' Lehre geworden!

Der Neuerer hingegen weist ganz richtig nach, daß der Riementrieb nur ein besonderer Fall des Rolltriebs sei (was die Nörgler eine ‚ganz unsinnige Vorstellung' nennen), daß beim Trieb nur die Haftung, nicht die Reibung maßgebend sei, die erst auftrete, wenn der Grenzfall überschritten werde, wenn der Trieb versage, somit ganz andere Betriebsbedingungen vorlägen. Kraftübertragung und zugleich Gleitschlupf anzunehmen, sei daher betriebswidrig. Diese neue Auffassung wird durch alle neueren Versuche als tatsächlich bestätigt, und neuere Forscher sprechen nicht mehr vom Gleitschlupf, sondern von einem ‚scheinbaren Schlupf', den der Neuerer sehr richtig als ‚Formänderungsschlupf' kennzeichnet, der mit Gleitreibung nichts zu tun hat.

Diesen fachlichen Zusammenhang kann auch der Sachunkundige verstehen, wenn er folgenden täglich zu beobachtenden Betriebsfall verfolgt:

Ein schwerer Eisenbahnzug fährt langsam an, man sieht, wie die Triebteile der Maschine angespannt sind, und nach dem ersten Hubwechsel der Maschine pufft eine mächtige Dampfsäule aus; der Führer stellt jedoch alsbald die Maschine auf geringe Leistung, damit die Räder nicht rutschen, und geht langsam auf volle Fahrt über. Versagt jedoch das Anfahren, z. B. auf nassen Schienen, dann gleiten die Räder heftig, ein starker Dampfausstoß entladet sich, der Führer muß den Dampf ganz abstellen und muß versuchen, von neuem anzufahren.

Deutlich zeigt sich daher, daß der Anlaufwiderstand (den die Krittler ‚Reibung der Ruhe' nennen) sehr groß ist (was die ‚Gutachter' wegen der Doktorarbeit des Königsberger Fräuleins bestreiten und einen Widerspruch nennen mit den Ergebnissen der wissenschaftlich-technischen Forschung!). Es zeigt sich, daß der Anlauf eine große Dampfarbeit erfordert wegen der anfänglich großen Formänderung zwischen Rad und Schiene; ohne diese Formänderung, auf wirklich glatter Schiene, könnte kein Zug anfahren (während die ‚Gutachter‘ meinen, dieser Anfangswiderstand könne sehr klein, fast Null werden, was für alle Eisenbahnzüge und Reisenden verhängnisvoll wäre). Es zeigt sich weiter deutlich, daß richtiges Rollen ohne Gleiten beginnt, wenn nicht der Führer den kleiner gewordenen Widerstand überwindet durch zuviel Kraft und die Räder zum Rutschen bringt, also durch einen fehlerhaften Betrieb das Gleiten hervorruft (während die Aburteiler die Reibung, den falschen Ausnahmezustand, als das Wesen ansehen und ihre ganze Anschauung und Rechnung darauf gründen). Es zeigt sich deutlich, daß das Gleiten außerhalb der Betriebsgrenze liegt und einem ganz andern Zustand entspricht (die Kritiker behaupten dennoch, der Trieb sei ohne Gleiten unmöglich).

Maßgebend für die Wirkung ist offensichtlich nur die Haftung zwischen Rad und Schiene, hervorgerufen durch die Formänderungen. Gleiten tritt nicht ein bei ordnungsmäßigem Trieb, sondern erst nach dem Überschreiten des Grenzfalles, wenn der Rolltrieb versagt und plötzlich auf den Rutschzustand überspringt, wegen der unzulässig großen Kraft bei vermindertem Widerstand. Offensichtlich ist das Gleiten ein Betriebszustand außerhalb des Grenzwertes des Rolltriebs. Der ordnungsmäßige Rolltrieb muß erst seinen Zweck verfehlen, dann kann der Reibtrieb, der nutzlose, nachfolgen.

Trotz dieses klaren Zusammenhangs meinen die Krittler, die Reibung sei das Wesentliche, und diese Triebe seien für die Reibungswirkung zu berechnen, aber sie haben dafür keine Begründung als die ‚historisch‘ gewordene Meinung der Vorgänger vor einem halben Jahrhundert.

Fortschritt und Autoritätsglaube.

Das Einseitige der Wirklichkeitsblinden wirkt stets gemeinschädlich auf Wissenschaftsgebieten durch den ‚Autoritätsglauben‘, den sie fordern, und durch die Vorrechte, die die einseitige, anwendungslose Lehre ausüben darf, die wirklichkeitswidrig die Form und die Rechnung von der Sache, von der Wirklichkeit trennt, das Wissen vom Können, die wirklichkeitsblind erzieht und sich dessen noch als des ‚Höheren‘

rühmt und alles anders Gerichtete, Schwierige als niedrig oder ‚unwissenschaftlich‘ brandmarken will.

Das Einseitige und zugleich Unfruchtbare ruht insbesondere auf dem Autoritätsglauben, der freies Denken neben dem Überlieferten und Herrschenden nicht aufkommen läßt. Dieser Glaube hemmt den sachlichen Fortschritt; er wirkt in ‚Lehrsätzen‘ nach, die als unabänderliche ‚Grundsätze‘ hingestellt werden und häufig nichts sind als Meinungen und Annahmen und geschichtlich gewordene Irrtümer. Es wird der Glaube erweckt, man könne ‚induktiv‘ stets alles Wahre ableiten. So werden Irrtümer zu Glaubenssätzen, die jeden Fortschritt hemmen können.

Die Vervollkommnung des Fernrohrs z. B. wurde länger als ein halbes Jahrhundert durch Autoritätsglauben aufgehalten, durch Newton, der auf Grund unzulänglicher und unzulässig verallgemeinerter Versuche (mit zufällig gleich lichtbrechenden Mitteln) ‚bewiesen‘ hatte, daß der Fehler der Farbenabweichung, der die farbigen Bildränder verschuldet, ‚unter keiner Bedingung behebbar‘ sei. Erst der vielseitige Euler hat die ‚induktive Methode‘ Newtons bezweifelt, ist zur Natur, zum Auge, dem besten aller Fernrohre, zurückgekehrt, hat den Bann gebrochen, und ein schwedischer Physiker hat dann den Fortschritt ermöglicht.

Der Gutachtermeinung, daß auch die wissenschaftliche Technik in der Erfassung der Riementriebe ‚historisch‘ vorzugehen habe, auf den ‚Arbeiten der Vorgänger‘ weiterbauen müsse, ist entgegenzustellen, daß dies in wahren, lebendigen Wissenschaften stets ein unsicherer Weg ist, weil alles von den Voraussetzungen der Erkenntnis abhängt, und weil, wenn diese falsch sind, jeder Weiterbauende wieder Falsches oder Unzureichendes fördern wird. Es kann der Spruch eines berühmten Amtsvorgängers eines der ‚Gutachter‘ angefügt werden:

‚Ich glaube, man treibt in unsern Tagen die Geschichte der Wissenschaften zu minutiös, zum großen Nachteil der Wissenschaften selbst ... Es läßt den Kopf ohne eigentliche Kraft, eben weil es ihn so voll macht. Wer aber den Trieb in sich gefühlt hat, seinen Kopf nicht anzufüllen, sondern zu stärken, die Kräfte und Anlagen zu entwickeln, der wird gefunden haben, daß es nichts Kraftloseres gibt als die Unterredung mit einem sogenannten Literator in der Wissenschaft, in der er nicht selbst gedacht hat, aber tausend historisch-literarische Umständchen weiß. Es ist wie eine Vorlesung aus einem Kochbuch, wenn man hungert ...

Das Traurigste bei der Sache ist: daß, so wie die Neigung an literarischen Untersuchungen in einer Wissenschaft wächst, die Kraft zur Erweiterung der Wissenschaft abnimmt, der Stolz auf den Besitz der Wissenschaft zunimmt. Solche Leute glauben mehr im Besitz der Wissenschaft selbst zu sein als die eigentlichen Besitzer.

Es ist gewiß eine sehr gegründete Bemerkung, daß wahre Wissenschaft ihren Besitzer nie stolz macht, sondern bloß die von Stolz sich aufblähen läßt, die aus Unfähigkeit, die Wissenschaft selbst zu erweitern, sich mit Aufklärung ihrer dunklen Geschichte abgeben oder alles herzuerzählen wissen, was andere getan haben, weil sie diese größtenteils mechanische Beschäftigung für Übung der Wissenschaft selbst halten. Ich könnte dieses mit Exempeln belegen, das sind aber odiöse Dinge'. (Lichtenberg.)

Die Einseitigen predigen immer den Autoritätsglauben, der die Stütze der Unfruchtbaren bildet. Nachsagen ist eben bequemer als Selbstdenken und Forschen.

Dieser Glaube kann Streben und Schaffen verdrängen, er wirkt fortschritthemmend. Der Erfolg, den die Einseitigen bei vielen Mitläufern finden, ist eindeutig zu erklären, der Autoritätsglaube ist daher unausrottbar und unduldsam.

Die Schaffenden, die Erfahrenen wenden sich dem Neuen teilnehmend, jedoch vorsichtig zu und urteilen erst, wenn sie genügend in die Tiefe und Ferne schauen können. Daher erwecken sie oft, bei den Einseitigen immer, den Anschein, als ob sie der Sache unsicher wären, und schon deshalb werden sie gering eingeschätzt. Ähnlich wie im kleinen Schulkreise diejenigen Prüflinge von den Formelmenschen ungünstig beurteilt werden, die keine anmaßenden Schnellschwätzer sind, sondern vor dem Reden erst nachdenken wollen.

Die Erfahrenen kennen die Schwierigkeiten und Enttäuschungen, die die Wirklichkeit in sich birgt; die Einseitigen hingegen, die Unerfahrenen, treten stets mit größter Sicherheit auf, ‚urteilen‘ und verurteilen rasch aus ihrer Formelwelt heraus, in der sie ja für alles einen ‚Grundsatz‘ bereit haben, und erzielen so bei anderen Einseitigen bedeutenden Eindruck; daher finden sie immer Mitläufer, besonders wenn sie den Gegner von Anfang an ‚unwissenschaftlich‘, ‚unwissend‘ schelten und sich ein Richteramt anmaßen. Viele berühmt gewordene Fälle bestätigen das Goethewort, daß Gelehrte bereit sind, ihre fünf Sinne zu verleugnen, nur um recht zu behalten.

Lehrreich sind auch die Angriffe, mit denen Liebig von den herrschenden Einseitigen empfangen wurde, als er die Chemie in den Kreis der alten Wissenschaften hineinpflanzte.

Robert Mayer wurde von den einseitigen Vielwissern belehrt, daß seine neuen Gedanken gegen ‚Grundgesetze‘ der Naturwissenschaften verstoßen; so mußte er seine bahnbrechende Erfassung der Energieumwandlung in einer medizinischen Zeitschrift veröffentlichen, und dann haben sie ihn gar für verrückt erklärt!

Was Schopenhauer über Autoritätsglauben sagt, gilt allgemein:

‚Die Leute, die so eifrig und eilig sind, strittige Fragen durch Anführung von Autoritäten zu entscheiden, sind eigentlich froh, wenn sie statt eigenen Verständnisses und Einsicht, daran es fehlt, fremde ins Feld stellen können. Ihre Zahl ist Legio.‘

‚Bei ihren Kontroversen ist danach die gemeinsame Waffe Autoritäten: damit schlagen sie aufeinander los, und wer etwa hineingeraten ist, tut nicht wohl, sich dagegen mit Gründen wehren zu wollen: denn gegen diese Waffe sind sie gehörnte Siegfriede, eingetaucht in die Flut der Unfähigkeit zu denken und zu urteilen; sie werden ihm daher ihre Autoritäten als ein argumentum ad verecundiam entgegenhalten und dann victoria schreien.‘

Physiker und Ingenieure.

Die Kluft zwischen Physikern und Ingenieuren ist leider vorhanden und wird vertieft durch schädigende Einseitigkeit, obwohl Naturerkenntnis und Technik wichtigste Forschungs- und Arbeitsgebiete umfassen, die aufeinander angewiesen und innerlich gleichartig sind und keinerlei Widersprüche in sich bergen.

Die Schuld liegt nicht bei den Physikern und nicht bei den schaffenden Ingenieuren, sie liegt nur bei den einseitigen Fachtheoretikern.

Denn die Physiker verkennen nicht die Abhängigkeiten der Wirklichkeit, sie weisen sie nur dann ab, wenn sie nicht in die gewollte Beschränkung passen, und sie bearbeiten mit neuen Verfahren unabsehbare neue Gebiete, auf denen sie Großartiges leisten. Die wirklichen Ingenieure ziehen sich zurück auf ihre Sonderfächer, in denen sie wissenschaftlich sehr vertieft arbeiten und den wundergleichen Fortschritt unserer Zeit schaffen helfen.

Die Fachtheoretiker hingegen, die nach beiden Seiten erfahrungslos sind und weder ‚exakte‘ Forschungen noch Ingenieurleistungen aufweisen können, diese vermeinen die schwierige Wirklichkeit der Ingenieure zu meistern durch ‚Lehrsätze‘, durch Beschränkungen im Sinne ‚reiner‘ Wissenschaft, nach unzulässigen Annahmen, und verderben die Köpfe derjenigen, die sie zu verantwortlichem Schaffen heranbilden sollten, indem sie den Lernenden den Irrglauben beibringen, mit Lehrsätzen und Formeln lasse sich alles richtig ermitteln. Die harte Wirklichkeit belehrt und bekehrt dann zu spät und nach Verlust bester Lebensjahre.

Die wahren und erfolgreichen Naturwissenschafter haben eine wichtige Wandlung folgerichtig durchgeführt:

Sie sind nicht im Banne des Alten, des Überlieferten, im Bereiche des ‚historisch Gewordenen‘ verblieben. Schon die Theorien über Schwingungen und Strahlungen haben Denkrichtungen und Ziele geändert. Sie verzichten nunmehr auf die früheren Versuche, die Natur zu ‚erklären‘, ihre Wirkungen zu ‚beweisen‘ und allgemein gültige ‚Gesetze‘ aufzustellen.

Die Grundlagen ruhen jetzt auf neuen, seltsamen, zum Teil ganz unwirklichen Annahmen: Ionen, Elektronen usw., die alte

Forscher entrüstet abgewiesen hätten, ruhen auf Annahmen, die gar nicht erklären, sondern nur leiten und helfen auf dem endlosen Forschungswege, bis bessere Einsicht zu weiteren Annahmen verhilft, Annahmen, die jedoch nicht in starre ‚Lehrsätze‘ umgedeutet werden, um so weniger, je weiter und tiefer die Erkenntnis vordringt, Annahmen, die anerkannt und leicht wieder verworfen werden auf diesem Fortschrittswege.

Die Ziele der wissenschaftlichen Technik sind ebenfalls gewaltig gewachsen, und sie ist mehr und mehr gezwungen, ihre wissenschaftlichen Grundlagen selbst zu vertiefen, wenn die Physik sie nicht bietet, wie beispielsweise in der Stoffkunde, die ebenso wie tiefstforschende Wissenschaften bis in Atomtheorien vordringen mußte.

Diesen wissenschaftlichen Fortschritt der Technik schaffen die vielseitig Erfahrenen, die auch die Einzelheiten der schaffenden und betriebsleitenden Technik kennen und die sich nicht an überlieferte Annahmen und sogenannte Lehrsätze anketten, Erfahrene, deren Denken von Anfang an frei ausblickt, die Neues schaffen auf dem Boden vielseitiger Erfahrung, die selbst umfassende Versuche aufbauen, ohne sich durch die Überlieferung behindern zu lassen. Im Maschinenwesen begehen sie jedoch Fehler, wenn sie nur an fertigen Maschinen forschen, die stets Integriervorrichtungen sind, nur Summenwirkungen ergeben, aus denen sie dennoch allgemein Gültiges herausdeuten wollen.

Diese große Umwandlung der Physik und der wissenschaftlichen Technik haben die Ingenieur-Theoretiker nicht mitgemacht; die wollen nach wie vor mit Lehrsätzen ‚beweisen‘, rechnen und deuten, obwohl alles sich nur auf Erfahrungen und Annahmen stützt in allen wahren Wissenschaften.

Die ‚theoretische Maschinenlehre‘ ist zwar an den Hochschulen verdientermaßen abgestorben, erfahrungsfreie Theoretiker wollen gleichwohl nach wie vor Ingenieuraufgaben ‚theoretisch‘ maßgebend beurteilen, wollen gar ein Richteramt ausüben, das vielseitigste Erfahrung voraussetzt.

Falsch gerichtete junge Köpfe sind das Werk dieser Einseitigen. Die Mitschuld liegt an den schaffenden Ingenieuren, die diesem falschen Lauf tatenlos zusehen.

Höchststrebende Naturwissenschaft und tiefschürfende wissenschaftliche Technik gehen getrennte Wege, und dazwischen schieben sich die ‚Theoretiker‘ der Technik, die ganz Einseitigen, die der Erfahrung und meist auch umfassenden Versuchen fernstehen. Die gehen unentwegt die Bahn der Alten und wollen das Geschehen in der Natur ‚beweisen‘ nach Lehrmeinungen, die doch nur Annahmen sind. So wird, wie in ‚geschichtlicher Würdigung‘, meist das Herrschende als richtig, das Neue als falsch ‚bewiesen‘. So wird allerorten die Einseitigkeit großgezogen, die Überhebung, die Unduldsamkeit, die das Schwierige, die Wirklichkeit, nicht kennt und als niedrig abweist.

Das lehrreichste Beispiel hierzu liefert die ‚Mechanik‘, wie sie von einzelnen Hochschullehrern erfaßt wird. Sie sollte die wichtigste und umfassendste Grundwissenschaft sein, und ihre Aufgabe wäre, den ursächlichen Zusammenhang in der Wirklichkeit richtig zu erfassen (soweit dies bisher und künftig möglich ist!). Sie soll die Erkenntnis mathematisch ausdrücken (soweit sie einer allgemeinen Fassung und mathematischem Ausdruck überhaupt zugänglich ist, ohne unzulässige Verallgemeinerungen oder Vereinfachungen, besonders rein rechnerischer Art!). Sie soll alle Beziehungen auf wissenschaftliche Versuche aufbauen und als richtig nachweisen (wenn solche Versuche der Wirklichkeit entsprechen!).

Das wäre die hohe, wichtige Aufgabe der Mechanik, eines Teils der Naturkunde. Übel und Kluft beginnen schon damit, daß die Einseitigen das, was oben (in Klammern) als notwendige Voraussetzung bezeichnet ist, meist gar nicht beachten, sondern ihre Wissenschaft in gewollter engster Beschränkung betreiben und dieses eigenmächtig engbegrenzte Feld dann ‚exakte‘ oder ‚reine‘, Wissenschaft nennen.

Richtig gelehrte Mechanik müßte ‚Wissenschaft der Wirklichkeit‘ sein, müßte ebenso wie die wissenschaftliche Technik tief in Gebiete eindringen, von denen die meisten niemals ‚exakt‘ erfaßbar sind, weil die gegebenen vielfältigen Bedingungen nur teilweise, manche nur auf Kosten anderer erfüllbar sind. Sie müßte in Beziehungen vordringen, die wahrscheinlich nie vollständig erfaßt werden können, die zu immer weiteren Abhängigkeiten führen, die weder im ganzen noch in

4*

Teilen durch Formeln und Lehrsätze ausdrückbar sind, die jedoch eine endlose Entwicklung ermöglichen, die Grenzen der Erkenntnis zwar immer weiter strecken, diese jedoch nie voll erreichen. Die Forschungen der Stoffkunde, der Metallographie, der Atomlehre sind auffällige Beispiele dazu.

Was machen jedoch die Einseitigen aus dieser Grundlehre? Sie wollen ihre bequeme ‚exakte‘ Wissenschaft, die ‚exakteste von allen‘, aufbauen auf wenige ‚Grundgesetze‘, etwa: Wechselwirkung, Kräfteparallelogramm und Massenbewegung. Und auf dieser selbstgemachten beengten Grundlage beschränken sie diese weiteste und wichtigste aller Wissenschaften auf Bewegungslehre und weisen Wesentliches und Schwieriges ab, alles was veränderlich, was abhängig ist von entscheidenden Bedingungen, die sich eben nicht in Formeln und Lehrsätzen fassen lassen: wichtigste Gebiete, wie Wärme, Reibung, Stoffkunde.

Weil das Schwierige jedoch in der Grundwissenschaft nicht ganz fehlen darf, verfällt es einer Koeffizientenwirtschaft, wirklichkeitswidrigen Annahmen, wie z. B. bei Fragen der motorischen Verbrennung, der Reibung. Richtige, betriebsgemäße Zahlenwerte werden nicht erstrebt, daher selbst die Anregung hierzu feindselig abgewiesen wird.

Diese einseitige Beschränkung schädigt die Wissenschaft, den Fortschritt und die Lernenden, züchtet den Glauben an einseitig anwendbare allgemeine ‚Lehrsätze‘, der den falsch Belehrten später kostbare Jahre kostet. Die Begleitwirkungen sind: Unduldsamkeit und Überhebung, die bevormunden will, selbst auf Gebieten, die der vermeintlich ‚exakten‘, jedoch in Wahrheit einseitigen formelmäßigen Behandlung unzugänglich sind.

Die Einseitigen auf vielen Gebieten kümmern sich nicht um Nachbargebiete, sprechen oft sogar eine Sprache, die den Nachbar zum mindesten nicht anregen kann, ihm vielleicht sogar unverständlich ist. Sie züchten das wissenschaftliche Ungeheuer unserer Zeit, mit seinen vielen Köpfen, deren jeder eine andere ‚wissenschaftliche‘ Sprache redet! Und Jahre von ‚Schulung‘ müssen aufgewendet werden, nur um diese Sprachen und Verfahren zu erlernen, die dann den Inhalt des nach der ‚Prüfung‘ eiligst weggeworfenen ‚Schulsacks‘ bilden. Für die Sache würden jedoch einfachste Sprache, Verfahren und Rechnungen ausreichen.

Im Grunde ist diese herrschende Einseitigkeit nichts als die unfruchtbare ‚Gelehrsamkeit‘, die die schwierige Wirklichkeit mit der Kenntnis einiger Mittel meistern will.

‚Kenntnis der Mittel, ohne eigentliche Anwendung, ja ohne Gabe und Willen sie anzuwenden, ist, was man jetzt gemeiniglich Gelehrsamkeit nennt.‘ (Lichtenberg.)

Die Schaffenden und Leitenden stehen dem Gemeingut der Wissenschaften und den Hochschulen innerlich doch fremd gegenüber. Sie erinnern sich vielfach freundlich ihrer Studienzeit und ihrer Lehrer, erinnern sich aber auch, wie sie das Schulwissen in Stich gelassen hat, wie sie mühsam erst im Leben neu lernen mußten, weil sie nur einseitig ‚theoretisch‘ belehrt wurden. Sie anerkennen dann auch keine eigene Lehrverpflichtung gegenüber der Wissenschaft, gegenüber dem Nachwuchs, nicht einmal gegenüber ihren unmittelbaren Mitarbeitern. Alles Folgen der herrschenden Einseitigkeit!

Die Schaffenden sind Diener der harten Wirklichkeit, der Betriebe, die sie verlebendigen und leiten inmitten zahlloser Abhängigkeiten, selbst rein menschlicher Art, weil sie ihre Werke nur durch Menschen und für Menschen betreiben. Von diesen endlosen Schwierigkeiten haben Physiker wie Ingenieur-Theoretiker keine Kenntnis.

Lehrer der Physik studieren ihre Wissenschaft und Mathematik, arbeiten dann in einem Laboratorium und forschen und schreiben im üblichen Bereich. Gelangt ein bedeutender Physiker in schaffende Tätigkeit, dann wird er Ingenieur und Leiter großer Arbeit, kehrt jedoch nicht zum engen Lehrberuf zurück. Die wären die richtigen Mittler, die große Kluft zu überbrücken!

Ingenieurlehrer werden ebenfalls oft durch Inzucht herangezogen, als ‚Privatdozenten‘, die schaffendes Leben und Verantwortung nicht ausreichend kennen. Die Zeiten sind völlig andere geworden. Früher konnte besondere Begabung viel Erfahrung ersetzen. Jetzt sind die Grundlagen aller Gebiete so vertieft, daß eigene und vielseitige Erfahrung nicht entbehrt werden kann, daß Lehrer am eigenen Leibe Schwierigkeiten und Verantwortung erleben und selbst verantwortlich erfahren müssen, wie vorsichtig, wie begrenzt ‚theoretische Grundsätze‘ nur angewendet werden dürfen, wie unsicher alle vermeintlich allgemeine Erkenntnis ist, wie die Grenzen sicherer

Einsicht stets erschreckend nahe liegen, wie schwer und ver-
antwortungsreich es ist, maßgebend zu urteilen.

Sie müssen erlebt haben, wie die sicher erfaßbaren und damit
berechenbaren Wirkungen oft gar nicht entscheiden, sondern
die nicht berechenbaren Zusatzwirkungen, die den Physikern und Theoretikern unbekannt sind.

Diesen Verhältnissen, die unsere Wirklichkeit kennzeichnen,
werden auch solche nicht gerecht, die zwar in der schaffenden
Welt standen, ihr jedoch wegen der unbequemen Verantwortung
den Rücken kehrten und dann erst ihre ‚Neigung zum Lehrfach‘
entdeckten, worunter sie eben die einseitige, bequem hergerichtete Tätigkeit verstehen.

Immer dasselbe! Weil Erfahrene im reifen Alter sich selten
zur schlecht bezahlten Lehrtätigkeit wenden, deshalb herrscht
die Inzucht, und dadurch werden viele Schaffensschwache, Unerfahrene künstlich herangezogen.

Die Kluft ließe sich schließen, wenn in planmäßiger Vorsorge
erfahren Gewordene zur Lehre zurückgeführt würden, jedoch
bevor sie in Sonderfächern aufgehen. Sonderwissen taugt nicht
für den grundlegenden Unterricht, ist nur zulässig als Beispiel
vertiefter Anwendung nach dem grundlegenden Unterricht.

Es fehlt die planmäßige Sorge dafür, Lehrer zu bilden und
heranzuziehen außerhalb der ‚Dozentenlaufbahn‘, die nur für
‚Gelehrte‘ taugt. Hier liegt das Übel.

Tüchtige Ingenieure sind da, sie müßten planmäßig zum
Lehrberuf herangezogen werden. Das geschieht nicht, der Zufall
herrscht, und der bringt zu viele Schaffensschwache, die in der
Welt versagen. Tüchtige Physiker sind da, sie müßten jedoch auch erfahren sein, müßten unsere schwierige Wirklichkeit
kennen. Dann aber würden sie in ein arges Mißverhältnis geraten zwischen Aufwand, Alter und Aussichten.

Und tüchtige Studierende sind da, sie werden jedoch
in unfruchtbare Richtungen hineingedrängt; frühzeitig werden
ihnen fachliche Scheudeckel aufgebunden, die sich dann
immer enger zusammenziehen. Sie werden künstlich ab-
gesperrt von allgemeiner, von vielseitiger Bildung und
von Nachbargebieten, die größte Befruchtung bringen könnten.

Dieser unheilvollen Spaltung zwischen Naturerkenntnis und
Technik soll dadurch begegnet werden, daß Physiker und Mathe-

matiker an Technischen Hochschulen ausgebildet werden, daß sie also dort angeblich technisches Denken und Schaffen kennen lernen sollen. Ein unbrauchbarer Ersatz! Sollen sie sehend, wissend und erfahren werden bei den Ingenieur-Theoretikern, die die Ingenieurwirklichkeit selbst nicht kennen? Die selbst die Köpfe des Nachwuchses verderben? Oder bei den fachlichen Sonderbrötlern? Wenn dieser Ersatz wirksam sein soll, müssen doch erst die Hochschulen selbst umgestaltet werden und über eine Mehrheit klarblickender und erfahrener Lehrer verfügen, die das Grundlegende anstreben und nicht Fachwissen.

Die Kluft zwischen Lehre und Leben wird immer tiefer, weil Wille und Einsicht fehlen, sie zu beseitigen, weil die Vermittler fehlen, weil als falsche Makler Einseitige wirken, die weder Physiker noch Ingenieure sind und sich ihre eigene Welt aus Lehrmeinungen aufbauen.

Wirkliche Vermittler müßten Ingenieurerfahrung besitzen und gründliche physikalische Kenntnisse, müßten Eigenart und Schwierigkeiten beider Richtungen durch lebendiges eigenes Schaffen kennen. Daran fehlt es, und in dieser Lücke hausen die Einseitigen und Unduldsamen, die die schaffenden Geister bevormunden und der Jugend die Köpfe verderben, ihr die eigene Einseitigkeit und Überhebung beibringen.

Nörgelnde und fördernde Kritik.

Für Sachkundige seien hier Bemerkungen angefügt, welche zeigen, daß kleinliche Nörgelei der Reibungserkenntnis aus der jetzigen wissenschaftsverlassenen Öde nicht heraushilft, während sachliche Kritik die Forschung auf diesem aussichtsreichen Gebiete aufs höchste fördern kann.

Die ,Gutachten' für die Abteilung und für den Senat bieten keine Beurteilung, die die Sache klärt und dem Fortschritt hilft. Nur fördernde Kritik hat Wert, nicht die endlos verneinende. Die Mäkler sind persönlich, kleinlich, sie nörgeln schulmäßig, meiden das Wesen der Sache und zeigen weder angebliche Fehler, von denen sie reden, noch das nach ihrer Meinung Richtige. Sie wollen dem Neuerer persönlich entgegentreten, ihm die Meinungen anderer ‚entgegenhalten‘, auf sie ‚hinweisen‘, ohne sich selbst durch Bild oder Rechnung sachlich zu verpflichten. Sie zerren lieber im blinden Eifer Wirklichkeitswidriges herbei, wie die Königsberger Versuche über Reibungsminderung, die mit den vorliegenden Fragen der Maschinenbetriebe nichts zu tun haben.

Fruchtbare, fördernde Kritik würde den Dank der Sachkundigen verdienen, würde der Sache dienen, müßte jedoch dem angeregten Fortschritt entgegenkommen, ihn sachlich erweitern, was hier in mancher Richtung ganz nahe läge.

Richtige Erkenntnis der Reibung muß in ein riesiges Urbrachfeld eindringen, das seit Menschengedenken kein Forscher betreten hat, an dessen Rändern nur einige Ingenieure in begrenzter Absicht geschürft, nur nach brauchbaren Durchschnittswertzahlen gesucht haben mit ganz unzureichenden Aufklärungsmitteln.

Die Physiker betreten dieses Riesenfeld überhaupt nicht, weil ihnen der schwankende, veränderliche Boden nicht paßt, der ihren vermeintlich ‚strengen‘ Verfahren unfruchtbar scheint. Zudem glauben sie in den ‚klassischen Versuchen von Coulomb‘ schon maßgebende ‚Gesetze‘ zu besitzen, die an allen Schulen gelehrt werden, obwohl sie offensichtlich nicht allgemeingültig sind und der Wirklichkeit, den Erfahrungen grob widersprechen.

Es ist daher sachlich zu begrüßen, wenn ein Neuerer dieses wichtige Gebiet mit neuen Leitgedanken betritt, selbst wenn Einzelheiten unrichtig wären; jede Anregung, jedes Streben kann wertvoll werden auf diesem so lange und so gründlich vernachlässigten Gebiet. Ziele und Wege des Neuerers können indes erweitert werden.

Der Neuerer wendet sich vorerst nur zu einer drängenden Ingenieuraufgabe und will eine betriebsrichtige Wertung der Gesamtwirkung, ohne Bestimmung der Einzeleinflüsse. Allerdings stellt er die allgemeinen Bedingungen für Rechnung und Versuche fest und bietet schon durch seine Annahmen und durch die Rechnung allgemeine Aufklärung über das bisher dunkel und widerspruchsvoll gebliebene Wesen der Reibung.

Solches Streben ist sachlich anzuerkennen und zu fördern, immerhin ist das Ziel zu begrenzt. Wir kennen bisher keine Reibungswertung, die den tatsächlichen, den veränderlichen Betriebsverhältnissen und den Einzelwirkungen entspricht; wir müßten nicht nur die irreführenden sinnwidrigen ‚Reibungskoeffizienten' beseitigen, die leider allgemein benutzt werden, sondern auch in die wirklichen Vorgänge einzudringen versuchen, ohne hemmende Annahmen.

Der Neuerer beginnt, wie notwendig, mit neuen Grundbegriffen, die die eingebürgerten mangelhaften, irreführenden ersetzen oder erweitern, u. a.: Anlaufreibung und Auslaufreibung, die den Übergangszustand kennzeichnen, an Stelle des üblichen widersinnigen Begriffs ‚Reibung der Ruhe' und was damit zusammenhängt. Weiter ist die Formänderung an die Spitze gestellt, ihre Arbeit und ihr Verlust; der Formänderungsschlupf ist neu eingeführt, an Stelle des sinnwidrigen Reibungsschlupfes der Theoretiker und des unzureichend erklärenden ‚scheinbaren Schlupfs' der neueren Forscher, und der neue Begriff ist durch den veranschaulichenden Zahneingriff bei Rolltrieben zutreffend erklärt. Schon hierdurch ist wesentlicher Fortschritt geschaffen. Eine sachfördernde Beurteilung könnte hier Erweiterung fordern:

Die Erkenntnis sollte vertieft werden durch weitere neue begriffliche Grundlagen.

Z. B. die üblichen Bezeichnungen ‚Reibungstriebe', ‚Reibungsräder' sagen Falsches aus, denn Reibung ist nicht das Wesen dieser Triebe, da der Trieb aufhört, wenn die Reibung zwischen den Triebflächen an die Stelle der Haftung tritt.

Die Begriffe sollten das Wesentliche, das Gemeinsame ausdrücken, d. i. das Haften, den wirksamen Eingriff an der Kraftstelle, und diese Triebe sollten Hafttriebe genannt oder unterschieden werden in Triebe mit besonders geformtem Eingriff (Zähnen) und in Triebe mit unsichtbarem Eingriff durch kleine Unebenheiten, die als ‚Zähne' gedacht sind, jedoch nur wirken können, wenn sie gegeneinander gepreßt werden, damit die Unebenheiten ineinander eingreifen. Das Wesentliche ist daher der Eingriff, das Anpressen, die Vorspannung. Diese Triebe sind daher keine Reibtriebe, sondern

Wälztriebe, der Wirkung nach, und die mit unsichtbarem Zahneingriff sind

Spanntriebe, dem Mittel nach.

Damit träte das Wesentliche des Mittels, die Vorbedingung richtiger Wirkung in den Vordergrund: das ausreichende Anpressen der Teile, ihre Vorspannung, die stets größer sein muß als die Kraftwirkungen während des Betriebs. Ein gebietender Grundsatz für Bau und Betrieb von Maschinen käme dadurch frühzeitig in die jungen Köpfe, der selbst in alten nicht immer klar ist, und viele Irrtümer ließen sich vermeiden, wie im vorliegenden Fall die Erörterungen über die Wirkung der Fliehkraft, ohne der Vorspannung zu achten, die für jenen Betrieb viel größer sein muß als die Fliehkraft.

Der Neuerer hätte angesichts des elenden Standes der Reibungserkenntnis seine neue Erfassung der Sache gar nicht mit den alten Begriffen und den üblichen Rechnungsverfahren verknüpfen, sondern durchweg neue Wege gehen können, neue Wege für Versuche wie für die Rechnung; auch auf die Gefahr hin, daß das Neue entgegen den eingelebten Auffassungen schwer durchdringt. Der Zusammenhang des Neuen mit den üblichen Begriffen und Rechnungen (Summenwirkungen und Koeffizienten, ‚Hebelarme‘ der Reibung, Kraftmomente statt Arbeit usw.), die bereits eingedeutet und mißdeutet sind, kann vor Mißverständnissen doch nicht bewahren, hat sie vielmehr herbeigeführt.

Z. B. kann der alte willkürliche Begriff ‚Hebelarm‘ der rollenden Reibung mit dem neuen Wälzarm verwechselt werden, der eine andere, eine dynamische Wertung umfaßt. Das Rechnen mit Hebelarmen, mit Kraftmomenten ist hier doch wirklichkeitswidrig, weil die Formänderung eine Arbeit ist. Das Ziel wäre, die Annahmen, Versuche, Rechnungen und Wertungen möglichst der Wirklichkeit zu nähern.

Die Triebverluste sind Arbeitsverluste, die bisherige Rechnung setzt jedoch Kraftmomente an Stelle der Formänderungsarbeit; sie wertet durch Linien (Hebelarme), was Arbeit ist und durch Linien nicht meßbar ist.

Der Neuerer hebt zutreffend hervor, es gebe bisher kein Verfahren, diese Arbeit durch Rechnungen und Formeln zu werten, und ohne grundlegende Versuche wird dies auch nicht gelingen.

Gleichwohl könnte wenigstens damit begonnen werden, die üblichen Annahmen durch wirklichkeitsgemäßere zu ersetzen, um den Weg für künftige Arbeiten zu weisen. Sonst läuft auch das Neue Gefahr, wegen der alten Verfahren und Annahmen falsch gedeutet zu werden. Auch die übliche Darstellung durch Drehmomentpfeile bleibt im alten Fahrwasser und widerspricht der Wirklichkeit.

Es wäre deshalb sachfördernd, wenn das Streben nach umfassender Summenwertung durch den ‚Wälzarm' erweitert und die allgemeine Erfassung der Aufgabe vorgerückt würde, so gering auch die Aussicht sein mag, daß eine wirklichkeitsgemäße Zergliederung und Zusammenfassung der Wirkungen bald gelingen werde, und so sicher es ist, daß die ausreichende Erfassung der Arbeitsvorgänge erst nach jahrzehntelanger wissenschaftlicher Arbeit gelingen kann.

Wenn die Lösung der Aufgabe beschränkt wird auf die Summenwertung des Wälzarms, dann wird, obwohl oder gerade weil er alle Verluste einschließen soll, ein Weg gewählt, der sich schließlich als ungangbar erweisen kann, wenn nicht die gewertete Gesamtwirkung in ihre Einzeleinflüsse zerlegt wird. Denn die angeregten wissenschaftlichen Großversuche können auch nur die gewollten Mittelwerte ergeben, mit denen Ingenieure zwar bestimmte Aufgaben zuverlässig rechnen können, die jedoch, trotz ihrer Abhängigkeit von bestimmten Betriebsverhältnissen, ähnlich wie die ‚Reibungskoeffizienten' in die üblichen Formelsammlungen aufgenommen und unzulässig benutzt werden, wenn verschwiegen oder übersehen wird, unter welchen Betriebsvoraussetzungen sie nur gelten. Der herrschende unhaltbare Zustand wäre erweitert, jedoch wenig gebessert.

Umfassendere Versuche wären sachfördernd, Versuche, die zugleich zergliedern, die einzeln und im ganzen werten. Formänderung bedeutet noch nicht Verlust, der u. a. erst entsteht durch unvollkommenes elastisches Verhalten des Baustoffs, durch unvollständiges Rückfedern an der Arbeitsstelle, durch nur teilweise Wiedergewinnung der Formänderungsarbeit wegen trägen Federns.

Daher müßten auch hier zweckmäßig neue Begriffe aufgebaut werden, denn die üblichen, wie ‚Hysteresis', sind durch wesensandere Vorgänge schon verdeutet und eingeengt.

Federträgheit des Baustoffs und seine innere Reibung während der Formänderungen sind eine wesentliche Verlustquelle, und die verschiedenartigen Einflüsse müßten getrennt ermittelt werden, insbesondere die Wirkungen, die verhindern,

daß die auf Formänderung aufgewendete Arbeit voll wiedergewonnen wird.

Die allgemeine Bezeichnung ‚Hysteresis‘ ist in einem anders-
artigen Verlauf für magnetische Verluste verbraucht und kennzeichnet unpassend z. B. die Federträgheit bei Rollwerken, die
unvollkommene verspätete Rückfederung, die verschiedenartigen
Ursachen, daß die Formänderungsarbeit nicht umkehrbar wirkt.
Selbst in diesem Zusammenhang handelt es sich um Reibung,
jedoch in völlig anderem Sinne, um innere Reibung der Stoff-
teile während der Formänderung und um die Verschleppung
der Rückwirkung im Zusammenhang mit Art und Zeit der
Formänderungen.

Die Erkenntnis der Reibung, der äußeren und inneren
Reibung, und das Verständnis für das weite Feld der Formänderungen würde wesentlich geklärt und der Fortschritt gefördert, wenn der Neuerer die trennende Wertung samt der
Summenwertung anstrebte; das Ingenieurverlangen nach richtigen Gesamtzahlen wäre dabei doch erfüllt.

Z. B. für Rolltriebe ist die Wirkung der federnden Formänderung im Sinne des Neuerers durch biegsame Zähne sehr
geeignet veranschaulicht. Während des Anlaufs werden die Zähne
gespannt, verbogen und dann außer Eingriff wieder ent-
spannt. Die Spannkräfte sind für die allmählich wachsenden,
dann wieder abnehmenden Formänderungen der ‚Zähne‘ maßgebend, und bei vollkommener Federung könnte die Formänderungsarbeit vollständig wiedergewonnen werden.

Es müßte versucht werden, die Verluste einzeln und
zusammen zu bestimmen, die wegen der Federträgheit und
der inneren Reibung des Baustoffs während der Entspan-
nungsarbeit auftreten, infolge unvollkommen elastischer, daher
verzögerter Wirkung bei der Rückfederung. Wenn der Eingriff
der ‚Zähne‘ aufhört und damit die Möglichkeit nutzbarer Rückfederung, dann wird der Rest der Spannarbeit und Formänderung
außerhalb des ‚Zahneingriffs‘ nutzlos ausfedern, verpuffen.
Auch hier wären neue Begriffe erwünscht, die dieses verlorene
Ausschwingen in die Luft kennzeichnen.

Beim Spannen wie beim Entspannen der Zähne während
aller Formänderungen finden Verschiebungen der Oberflächen
und der inneren Massen gegeneinander statt; es tritt also ‚Rei-

bung' auf, die jedoch wieder von gewöhnlicher Gleitreibung verschieden ist und, um im gewählten Bilde zu bleiben, als Zahnreibung anzusprechen ist. Dieser Reibungswiderstand erhöht die Anspannarbeit und vermindert die rückgewinnbare Arbeit.

Zu diesen ursächlich verschiedenen Verlusten durch Federträgheit, Ausschwingen, Zahnreibung im erwähnten Sinne kämen hinzu die Wegverluste durch die tangentiale Formänderung (Schlupf).

Eine Sammelzahl allein klärt nicht genügend, denn je größer die Anzahl und je eigenartiger die Einzeleinflüsse sind, desto mehr wird der Wert der Betriebszahl vermindert als Summe vieler unbekannten Wirkungen.

Dazu kommt, daß jeder der vier als Beispiel erwähnten Einzeleinflüsse selbst einer Summe zahlreicher Wirkungen entspricht, die sich untereinander beeinflussen. Außerdem kommt dazu der mehrfache Einfluß der Zeit der Kraftwirkungen:

allgemein als Geschwindigkeit des Eingriffs und der Formänderungen, sowie der Anzahl der hintereinander folgenden Beanspruchungen, und diese wieder verschieden nach ihrer Art und nach der Zeitdauer der Wirkungen.

Ein Riesenfeld für wissenschaftliche Forschung! Seine Bedeutung und Schwierigkeit ist aus dem Vergleich mit der wissenschaftlichen Stoffkunde erkenntlich, die in einem halben Jahrhundert stärkster wissenschaftlicher Vertiefung erst zur Wertung der Zeit nach Zahl und Art der Beanspruchungen vorgedrungen ist, nicht aber zur Ermittlung des Einflusses der Zeitdauer der Beanspruchungen, der noch ungeklärt ist, so daß wir bei Schnelläufern Triebteile benutzen, die rechnungsmäßig brechen müßten, im Betrieb jedoch den überlegenen Kräften widerstehen, weil wegen der geringen Zeitdauer der Kraftwirkung keine bleibenden Formänderungen zustande kommen.

Weiter sind im Trägheitsverlust enthalten alle Formänderungen, so klein sie sein mögen, die nicht mehr zum Ursprungszustand zurückgehen und daher als unvollkommen elastische Formänderungen anzusehen sind, alle molekularen Veränderungen, das innere Arbeitsvermögen der federnden Masse, die Ermüdungserscheinungen, der Einfluß der inneren Erwärmung als Gegenwert der Molekulararbeit, sowie der Einfluß der äußeren Wärme, Kälte usw., alles im

Zusammenhang mit entscheidenden Betriebsfragen. Weiter kämen hinzu die unvermeidlichen Zusatzbeanspruchungen, die bei der Betriebsbenutzung bedeutender werden können als die regelrechten Wirkungen, z. B.: Stoßwirkungen von außen her und in den Triebwerken selbst, beim Heben der Masse, beim Herabfallen auf die Rollbahn usw.

Ein endloses Feld wissenschaftlicher Forschung wird sichtbar auf diesem alten Brachfeld! Es zeigt sich das gleiche wie auf allen wahren Wissenschaftsgebieten: je weiter Forschung und Einsicht vordringen, desto schwieriger lösbar werden die Aufgaben, und das einzig Sichere scheint der alte Weisheitsspruch, daß wir wissen, nichts zu wissen. Die Einsicht schreitet eben endlos weiter, sie wird jedoch vertieft und ihre Grenzen weit vorgerückt; das ist der Fortschritt, und das Feld für richtige Anwendung der Erkenntnis wird erschlossen. Dabei ist auf diesem Gebiete nichts abseitig. Alle Forschung z. B. auf dem uralten Gebiete der Rollwerke führt mitten hinein in wichtige Ingenieuraufgaben.

Wenn, wie naheliegend, wissenschaftliche Rollversuche mit elastischen Reifen begonnen werden, weil sie die erwähnten Wirkungen stark und eigenartig zeigen, wenn dann auf Grund ihrer Ergebnisse die Lebensdauer von Gummireifen wissenschaftlich untersucht wird, dann ist es wahrscheinlich, daß sich wichtige Rückschlüsse auf Baustoff, Herstellung und Betrieb ergeben und daß die Verwendungsdauer der Reifen erhöht werden kann. Die Fahrzeugreifen umfassen jetzt schon Milliardenwerte; selbst gering erhöhte Lebensdauer bedeutet schon die Ersparnis zahlreicher Millionen, während solche Versuche nur Tausende kosten würden. Von dieser Ausgangsstelle aus könnte die ganze Erfassung der wissenschaftlichen Aufgaben, die mit Reibung und Formänderungen zusammenhängen, mächtig gefördert werden.

Reibungsforschung ist daher zu Unrecht ein gemiedenes Ödland. Ingenieure hätten allen Anlaß, jeden Fortschrittsversuch freudig zu begrüßen und zu fördern, statt ihn ‚hämtückisch‘ zu hemmen. Dieses vernachlässigte Feld ist vielmehr ein wissenschaftliches Klondyke, voll reicher Schätze, jedoch schwer, nur Erfahrenen zugänglich, nicht den Wirklichkeitsblinden, und erst jahrzehntelanger Arbeit bester Köpfe wird es gelingen, die Schätze zu heben und zu verarbeiten.

Theorie und Wirkungsgrade.

Vor fünfzehn Jahren hat eine Erörterung begonnen über die Wertung der ‚Wirkungsgrade' von Wärmekraftmaschinen, mit ganz ähnlichen Begleiterscheinungen wie hier über Reibungswertung. Der erwähnte Professor der Mechanik war auch damals führend, und die Theoretiker des Maschinenwesens sind ihm zu Hilfe geeilt.

Ausgangspunkt waren gleichfalls ehrwürdige ‚Theorien', geheiligte ‚Grundsätze', die ganz einseitig geltend gemacht, von allen Theoretikern bestätigt und auf eine wichtige betriebstechnische Aufgabe angewendet wurden. Diese Theorien habe ich vor der Fachwelt als unrichtig nachgewiesen. Alsbald wurde ich mit größter Heftigkeit angegriffen, selbst von der ‚Industrie', die die falsche Wertung im Glauben an die ‚Autoritäten' annahm und auf Anraten von Theoretikern mit dem Bau einer neuen Art von Zweitaktmaschinen begann, die ihr jedoch schweren Schaden brachte, weil die ‚theoretischen' Verheißungen unerfüllbar blieben.

Der Sachverhalt, der Verlauf und das Ende waren:

In einer anpreisenden Veröffentlichung über Zweitaktgroßmaschinen wurde deren Wirkungsgrad zu ihren Gunsten so berechnet, daß von der inneren Kolbenarbeit abgezogen wurde: der Arbeitsaufwand für die Vorbereitung der Verbrennung, für das Spülen, Laden und Vorverdichten, so daß diese offenbaren Widerstände als Nutzarbeit gebucht wurden!

Daß solche Wertung sinnwidrig ist, ergibt sich schon daraus, daß danach schlechte Maschinen mit großem Ladewiderstand günstiger gewertet werden als gute Zweitaktmaschinen und stets günstiger als die besten Viertaktmaschinen.

Auf Grund von Prunkversuchen und ganz unzureichenden Messungen wurden außerdem für die damals in der ersten Entwicklung begriffenen Zweitaktgasmaschinen Wärmeverbrauchszahlen behauptet, die weitaus günstiger waren als die von bestausgeführten und jahrelang erprobten Viertaktmaschinen, was offenbar mit aller Erfahrung in Widerspruch stand.

Der Gasmaschinenbau war damals daran, ebenso wie der Dampfmaschinenbau, dem von den Einseitigen geförderten unfruchtbaren Wettlauf nach kleinsten Verbrauchszahlen, nur einseitig im Maschinenzylinder gemessen, zu verfallen, dem Wettlauf nach Prunkzahlen, die unter Leitung von Theoretikern ermittelt werden in hergerichteten Paradeversuchen, unter Zuständen, die es im wirklichen Betriebe nie geben kann, wobei die Einseitigen innerhalb der Maschinen Zehntelkilo-Ersparnisse anstreben und nachweisen, während außerhalb, im Betriebe, der Brennstoff tonnenweise verschwendet wird.

Dieser wirklichkeitswidrigen Einseitigkeit habe ich widersprochen und auch die Gründe angegeben, weshalb jene Gattung von Großgasmaschinen verfehlt und dem Untergange verfallen sei, was sich auch bald bewahrheitete.

Das Rechnungsverfahren, den Ladewiderstand als Nutzarbeit zu buchen, habe ich hierbei ‚Bilanzverschleierung‘ genannt. Das trifft allerdings nicht ganz zu; Entstellung wäre richtiger. Das hat mir offene Verfolgung eingetragen; Abgeordnete und zwei Minister wurden mit der Sache befaßt, um ‚gegen mich vorzugehen‘, während der Schädling nur die wirklichkeitsblinde Einseitigkeit der Theoretiker war.

Die wissenschaftliche Grundlage des Streits war gleicher Art wie im vorliegenden Falle: theoretische ‚Grundsätze‘ wurden gegen die Wirklichkeit aufgefahren und der anders Denkende von oben herab ‚unwissend‘ gescholten.

Dabei sind es die Theoretiker, die unmögliche Voraussetzungen machen für ihren sonderbaren ‚Wirkungsgrad‘, ebenso wie für die Verbrennung, für die sie einen vollkommnen, umkehrbaren Kreisprozeß annehmen, der nie verwirklicht werden kann; Wärme soll zu- oder abgeleitet werden bei gleichbleibendem Druck oder Volumen, Verdichtung und Ausdehnung soll ohne Wärmeveränderung stattfinden, was beides der Wirklichkeit widerspricht. Die theoretischen Voraussetzungen treffen im Betriebe niemals zu, auch nicht für eine verlustlose Maschine, wenn es eine solche gäbe, und für keinerlei Brennstoff. Sie nennen aber jeden Andersdenkenden zum mindesten ‚unwissenschaftlich‘, genau wie es hier geschehen ist.

Alsbald haben fast alle Theoretiker und ‚Autoritäten‘ die einseitige Auffassung vertreten, und vor der Fachwelt wurde die Frage des Wirkungsgrades heftig erörtert, so daß sich schließlich erfahrene Ingenieure an den Kopf gefaßt und gefragt haben:

Wissen wir denn wirklich nicht, was Wirkungsgrad ist? Soll im Streitfall über Leistung, Verbrauch und Gewährleistung von Maschinen schließlich der Jurist gerichtlich entscheiden, was darunter zu verstehen ist?

Der Verein deutscher Ingenieure hat dann beschlossen, neue ‚Normen‘ für die Wertung von Verbrennungsmaschinen aufzustellen und hat bekannte Theoretiker und leitende Ingenieure von Fabriken zu Beratungen berufen, jedoch weder mich noch jemand, der meine Auffassung teilte, zugezogen oder befragt. Die Ingenieure befanden sich bald im Schlepptau der Theoretiker, weil sie zu deren theoretischen Verfahren und Annahmen nicht Stellung nehmen wollten oder konnten.

Die neuen ‚Normen‘ wurden ganz im Sinne der Theoretiker beschlossen und veröffentlicht. Die alten ‚Normen‘, die der Verein vorher für Dampfmaschinen herausgegeben hatte, werteten diese ganz gleichartigen Wärmekraftmaschinen anders, hätten also abgeändert werden müssen, was auch verlangt wurde, jedoch unterblieben ist.

So genießen denn die deutschen Ingenieure auf der Welt allein den Vorzug, daß sie wirklichkeitswidrig ganz gleichartige Maschinen verschieden werten! Bei den Dampfmaschinen wird ein Posten als Verlust gebucht, bei den Verbrennungsmaschinen derselbe Posten als Gewinn!

Das schließliche Ergebnis dieses Erfolgs der Theoretiker ist jedoch nach Ablauf eines Jahrzehntes:

Die einseitig gepriesenen Zweitakt-Großgasmaschinen sind verschwunden; die Werke haben deren Bau und Betrieb aufgegeben, aber mir, statt den wirklichkeitsblinden Beratern, vorgeworfen, ich hätte Millionenwerte vernichtet, obwohl ich nur das ausgesprochen hatte, was Erfahrene in den Maschinenbetrieben längst wußten, die nur nicht sprechen durften. Nur Ölzweitaktmaschinen haben sich behauptet, die auf anderer Grundlage ruhen. Niemand richtet sich nach den neuen ‚Normen‘, niemand überschätzt mehr Wirkungsgrade und Flunkerzahlen, niemand wendet sich mehr an die Theoretiker, um teure Prunkversuche von ihnen ausführen zu lassen, und Erfahrene kümmern sich überhaupt nicht um ‚Wirkungsgrade‘, ‚Gütegrade‘ und dergleichen einseitige theoretische Wertungen, sondern nur um die Nutzleistung, um den Betriebserfolg.

Die ‚Bilanzen' der Maschinen werden nicht mehr ‚theoretisch richtig' zurechtgemacht, sie werden weder verschleiert noch entstellt, sondern bürgerlich rechtschaffen aufgestellt; sie enthalten auf der einen Seite den Aufwand, auf der anderen, was aus der Maschine nutzbar herauskommt, und der Fortschritt wird nur noch durch wissenschaftliche oder umfassende Betriebs-Großversuche gesucht und geschaffen.

Die Anschauungen der zahlreichen Theoretiker sind damit zwar abgetan, jedoch werden sie als ‚theoretisch richtig' unentwegt weitergewälzt, fristen in Büchern ein stilles, in der Lehre ein unduldsames Dasein. Doch machen sich schon die Ausnahmen bemerkbar. In neueren Büchern ist kein Zweifel darüber gelassen, daß meine Auffassung durchdringt.

Wie sehr sich die sachlichen Anschauungen zuungunsten der Theoretiker geändert haben, mag folgendes bekunden: In dem Buche ‚Ölmaschinen', gemeinsam von mir mit Löffler bearbeitet, haben wir einerseits die Irrtümer über Wirkungsgrade richtiggestellt, andrerseits erwiesen, daß auf hochentwickelten Gebieten nur noch Gemeinarbeit zum Ziele führt, an der es in wissenschaftlichen Bereichen leider fehlt, und gezeigt, daß wissenschaftliche Überlegungen und Rechnungen eins sind mit praktischer Erfahrung und mit dieser zusammenwirken müssen, während sie bisher getrennte Wege gingen zum Schaden der Sache.

Das Buch hat ungewöhnliche Anerkennung gefunden; selbst ein heftiger Gegner in der Wirkungsgradfrage hat den hohen Wert der neuen, zusammenfassenden Darstellung anerkannt und u. a. zugestanden:

‚Hier kann die Theorie alter Fasson deutlich die Grenzen ihrer Macht sehen und sich bescheiden, in Achtung vor dem kleinen und großen Experiment der Praxis, dem intuitiv schauenden Ingenieur.'

Ich hoffe es zu erleben, daß auch große Reibungsaufgaben, die jetzt Theoretiker sehr alter Fasson wuteifrig in alte, unsinnige Grenzen zurückdrücken wollen, richtig erfaßt, und daß die geforderten Großversuche gewürdigt und durchgeführt werden.

III. Kleingeist.

Beckmesserei.

Die Gutachter, die schon erwähnten und zwei neu hinzugekommene, haben trotz eifrigsten Strebens keine anderen als die vorerwähnten Einwendungen vorgebracht. Alles andere ist nur allgemeine Klage, das Buch verstoße mehrfach gegen der Regeln Gebot.

Sie sagen, es verstoße sogar gegen die Logik; ein schwerster Vorwurf, der auf seine Berechtigung zu untersuchen wäre, wenn sie nur sagten, wo und wie verstoßen wurde, worüber jedoch jegliche Andeutung fehlt. Oder noch besser, wenn sie angäben, wie die angeblich logiklosen Stellen logikvoll lauten müßten. Ohne solche Angaben sind diese Vorwürfe nur Bauschverdächtigungen, keines Wortes wert.

Die Merker wollen ankreiden, im Buch sei gegen Grundsätze der Mechanik verstoßen, insbesondere gegen das Wechselwirkungsgesetz. Es handelt sich, wie sie andeuten, um ein Bild und um die zugehörigen Gleichgewichtsgleichungen; die seien falsch und deshalb auch weitere Bilder und Gleichungen.

Wieder würde die Sache verlangen, daß die Ankläger dem angeblichen Verstoß gegenüberstellten: die nach ihrer Ansicht richtigen Bilder und Gleichungen, was kaum eine halbe Seite füllen und viele Seiten mit langem Gutachtergerede entbehrlich machen würde, das ohnedies selbst den Kern der Sache nicht erkennen läßt. Es wäre einfach zu beantworten: 1. Wie wertet ihr in Bild und Gleichung den Widerstand ohne Widerspruch zwischen Theorie und Erfahrung? 2. Wie lauten eure Gleichgewichtsgleichungen für Außen- und Innentrieb dynamisch richtig? Dann wäre des Streites bald ein Ende.

Das meiden jedoch die Merker, schweigen über Wort, Strich und Rechnung. Nur nichts bestimmt sagen, immer verneinen, dann behält man immer recht bei den vielen, die nur äußerlich hinsehen. An passenden Stellen entzieht man sich der Gefahr und schiebt einen Gewährsmann oder ‚Lehrsatz‘ vor.

Dem Neuerer, als er sich die Aufgabe über Reibung und Triebwerke wählte, habe ich von solcher Wahl abgeraten; sie greife zu sehr in überlieferte Fehler hinein, mute den Alten zu, falsche Lehre einzugestehen und zu verlassen; das geschähe nie ohne heftigen Widerstand und nie, ohne den Bahnbrecher ins Unrecht zu setzen: Erst werde er totgeschwiegen, dann persönlich angegriffen, hierauf geplündert, indem das Neue benutzt werde, ohne den Urheber zu nennen, und schließlich werde noch ‚bewiesen‘, er habe die alten Fehler begangen und habe das Neue nicht recht verstanden! — So ist es auch gekommen, und selbst die dritte und die vierte Wandlung hat schon begonnen!

Die Merker behaupten weiter: Rechnungen und Formeln, die einen veränderlichen Koeffizienten enthalten, sind wertlos!

Damit würden wichtigste Gebiete der Wissenschaft ausscheiden und alte Irrtümer würden verewigt werden. Denn es gibt keine Erfahrungswerte, die nicht von veränderlichen Verhältnissen, von vielen wechselnden Einflüssen abhängig sind.

Alle Festigkeitszahlen, alle Widerstandszahlen, Wirkungsgrade, Beanspruchungen usw. sind veränderlich, wie jeder erfahrene Ingenieur weiß und selbst jeder Anfänger, wenn er nicht wirklichkeitsblind erzogen ist.

Festigkeitszahlen hängen z. B. ab: vom Baustoff, für den sie ermittelt wurden, von der Art der Kraftwirkung, ob ruhend, wiederholt oder wechselnd wirkend, von der Zeit der Beanspruchung, ob langsam, rasch oder stoßartig wirkend, entscheidend von der Bauart der Teile, vom Verlauf der Massenverteilung, von vielen Einzelheiten des Baus und des Betriebs.

Alle diese durchaus veränderlichen Wertzahlen, die wichtigen Fortschritt einschließen, sollen wertlos sein! Die Merker verlangen unveränderliche Zahlen, wie die üblichen Reibungskoeffizienten, obwohl sie offensichtlich falsch sind. Merkwürd'ger Fall! Die Krittler sind eben blind gegen die Wirklichkeit!

Mit falschen, schulweisen Koeffizienten, mit den überlieferten falschen Zahlen zu rechnen, die um das Zehnfache von der Wirklichkeit abweichen können, das finden sie ganz in der Ordnung, verlangen es sogar. Wenn sie daneben die Berechnung der Schubspannungen im dünnen Bremsband fordern, so erinnert dies an unerfahrene Anfänger, die auf viele Dezimalstellen ‚genau‘ rechnen, während die Einer oder Zehner schon falsch sind.

Sie erklären jede Rechnung für wertlos, die keine Gebrauchsformel, keine Leierzahlen liefert.

Damit weisen sie ein wichtiges Ziel der Rechnung ab: Aufklärung über einen Zusammenhang zu schaffen. Sie verlangen, daß die Gleichungen integrierbar seien, weil sie gewohnt sind, ihre ‚exakten‘ Annahmen so zu wählen oder die Gleichungen rein rechnungsmäßig so zu vereinfachen, daß sie integrierbar werden, ohne Rücksicht auf die Sache. Die Rechnung reicht hier nicht aus, die Summenwirkung der Formänderungen nachzuweisen, gibt jedoch neue Erkenntnis, klärt auf. Das weitere müssen die Versuche bringen, die verlangt und begründet sind, und mit ihren Ergebnissen wird die Rechnung auch für den Einzelfall anwendbar.

Es ist bezeichnend, daß schon bei Besprechung der Grundlagen des Buches vor allem die sinnbildliche Darstellung bemängelt wird, das Hilfsmittel zur Versinnlichung der elastischen veränderlichen Wirkungen zwischen den Kraftstellen, die ‚Zähne‘, und der Vergleich wird als ‚oberflächlich‘ und ‚unsinnig‘ geschmäht. Dieses Vorstellungsbild ist jedoch sehr geeignet, die dynamischen Vorgänge zu erklären, insbesondere dann, wenn nicht ‚mikroskopisch kleine‘ Zähne angenommen werden, sondern solche, die sich erheblich oder meßbar abbiegen, Insbesondere die Vorgänge beim Rolltrieb werden damit zutreffend geklärt.

Unter Ingenieuren und Wissenschaftern, deren Einsicht in der Wirklichkeit wurzelt, sollte es Regel und Pflicht sein, alle Voraussetzungen für neue Einsicht und diese selbst anschaulich darzustellen und zu erläutern, wenn auch die Wirklichkeitsblinden und Sachfremden dies mißverstehen und das Mittel für die Sache halten. Ingenieure insbesondere sollten von ihrer eindrucksvollen Sprache der Zeichnung und des veranschaulichenden Bildes weitesten Gebrauch machen, das immer besser ist als noch so viele Worte.

»Ich halte es nicht allein für nützlich, sondern auch für notwendig, Gründe in Bilder zu kleiden. Wer hiervon nichts weiß, soll nicht schreiben.« (Lessing.)

Den sinnenhaften Ausdruck und die Sinnenblindheit hat schon Fichte in einem Briefe an Schiller ungewollt als abgrundtief verschiedene Denkarten gekennzeichnet:

»Sie setzen die Popularität in Ihren unermeßlichen Vorrat von Bildern, die Sie statt des abstrakten Begriffes setzen. Daher, glaube ich, entsteht die ermüdende Anstrengung, die mir Ihre Schriften verursachen, ich muß alles erst übersetzen, ehe ich es verstehe«.

Die Blinden unsrer Zeit ,übersetzen' nicht einmal aus dem Wirklichen ins Lehrsatzhafte, sie bekritteln statt der Sache einzelne Linien von Bildern, schmähen das, was sie mißdeuten, und nennen es ,unsinnig'.

Fr. Vischer hat wirksam bildhaft den Kopf verspottet, der den lebendigen Ausdruck vor Bereicherung behütet:

»Laßt ihn stehen, er sieht ja nichts, er ist ja von Leder, lederne Nase verspürt nimmer den Hauch der Natur.«

Die nörgelnden Bildlosen werden auch in diesem prächtigen Spott die ,Logik' vermissen: Ein hütender Kopf aus Leder? Eine lederne Nase vor der hauchenden Natur? Wie unsinnig!

Der Fortschritt, den das Buch bringt, liegt allgemein in der dynamisch erweiterten Erkenntnis der Reibung, die bisher vernachlässigt und falsch gewertet wurde, und liegt im besonderen in der wissenschaftlichen Vertiefung der Triebwerke, die zum Teil nach unrichtigen Annahmen berechnet wurden, in sinnfälligem Widerspruch mit der Erfahrung, obwohl es sich um Betriebe wichtigster Art handelt und die übliche falsche Berechnung den verantwortlichen Ingenieur vor den Strafrichter bringen kann.

Die Reibung ist nunmehr als veränderlicher Formänderungswiderstand erfaßt, dessen richtige Wertzahlen durch planmäßige Großversuche als Betriebszahlen zu bestimmen sind, die den wirklichen Betriebsverhältnissen entsprechen, während die bisherige falsche Wertung unmögliche gleichbleibende Reibungszahlen bietet, die zudem rohen Versuchen entstammen oder unbekannter Herkunft sind und, selbst wenn sie richtig wären, nur gültig sein könnten für die beschränkten Bedingungen, unter denen sie gewonnen wurden.

Das Buch bietet neue Grundbegriffe, viele Anregungen, die aus praktischer Erfahrung hervorgegangen sind. Auf diesem Gebiet ist in einem Jahrhundert stärkster naturwissenschaftlicher Betätigung nichts geleistet worden; irreführende willkürliche Annahmen und unrichtig gedeutete Ergebnisse von unzureichenden Versuchen wurden einseitigen Theorien zugrunde gelegt, weil den Theoretikern die notwendigen· Erfahrungen fehlen, weil sie Eigenart und Schwierigkeiten der vielen ungelösten Aufgaben nicht kennen. Und Versuche von erfahrenen Ingenieuren wurden in zu engem Rahmen und mit unzulänglichen Mitteln durchgeführt.

Der Inhalt des Buches ist schon beachtenswert wegen des richtigen Strebens, aus der bisherigen Vernachlässigung und aus unrichtiger Behandlung dieser wichtigen Gebiete herauszukommen. Er muß jedoch beurteilt werden im Hinblick auf das Ingenieurziel, die Reibung und ihre vielseitige Anwendung wirklichkeitsgemäß und betriebsrichtig zu werten.

Das Buch erstrebt somit ein wichtiges Ziel; es klärt alte Irrtümer auf und weist neue Wege, so daß es von geringem Belang wäre, wenn es einige oder selbst viele Irrtümer enthielte.

In besten Werken lassen sich Fehler nachweisen und noch mehr hineindeuten, wenn man sie finden will; sie können aber den Wert eines Werkes, das Neues bietet, nicht mindern. Selbst Fehler können dem Fortschritt dienen.

»Schreiben wir denn nur, um recht zu haben? Ich meine mich um die Wahrheit ebenso verdient zu machen, wenn ich irre, mein Irrtum aber schuld ist, daß ein anderer sie findet, als ob ich sie selbst gefunden hätte.« (Lessing.)

Lessing ist schon lange tot. Die Welt hat sich seither im Erfassen von Irrtum und Wahrheit nicht geändert; deshalb sei ein neuester Ausspruch hinzugefügt:

»Kein Gedanke ist so falsch, daß in ihm nicht ein richtiger Kern steckte, und jeden Irrtum sollte man als einen Wegweiser zu neuer Wahrheit betrachten.« (Zschimmer, Philosophie der Technik.)

Heimlichkeit.

Im vorliegenden Fall waren häßliche Kräfte am Werk und haben in aller Heimlichkeit ein seltsames Gericht gehalten.

Von Anfang an ist die Person hinterrücks verdächtigt worden, unter vollständigem Ausschluß des ‚Angeklagten‘ und zugleich der einzig zum Urteilen berufenen fachlichen Öffentlichkeit. Die Verdächtigungen wurden sechs Jahre lang hintenherum gesprochen und stets gegen die Person gerichtet.

Der Wortlaut des Gutachtens, das die Maschinenbau-Abteilung sich hat erstatten lassen, wurde dem Angegriffenen nicht mitgeteilt, wohl aber an den Senat, an andere Hochschulen und an den Minister gebracht, trotz der offensichtlich gehässigen und beleidigenden Form, in der es abgefaßt war. Hintenherum wurden dann Kollegen anderer Abteilungen aufgeboten, unvorsichtige Äußerungen von ihnen wurden verbreitet und auch zum Minister getragen.

Auch das von dem Göttinger Theoretiker abgegebene Obergutachten wurde, obwohl es überhaupt keine sachliche Äußerung enthält, dem Minister übergeben, und zwar lange bevor ich, und durch mich der Angegriffene, davon Kenntnis erlangte. S. 74—77 ist es vollständig abgedruckt.

Nie ist eine Aussprache, eine sachliche Verständigung mit dem Verfasser des Buchs auch nur versucht worden, selbst nicht während des bisher fast einjährigen Gerichtsverfahrens der Abteilung mit seinen Mehrheitsbeschlüssen, wobei angebliche sachliche Fehler des Buchs die einzige Grundlage bildeten. Nie sind die übrigen wissenschaftlichen Arbeiten des Verfassers berücksichtigt worden, welche die höchste Anerkennung der Fachwelt gefunden haben, nie das Neue seines Buchs, das gar nicht bemängelt werden konnte.

Nie hat einer der ‚Richter‘, trotz ‚freundschaftlichstem‘ Verkehr mit dem Verfasser des Buchs, die Absicht gehabt, sachliche Aufklärung zu suchen, sonst wäre doch während sieben Jahren oder während des langen Gerichtsverfahrens eine Aussprache herbeigeführt worden, jedenfalls bevor schädigende ‚Urteile‘ verbreitet und zum Minister getragen wurden.

Der Fall liegt also so: Wegen sachlicher wissenschaftlicher Meinungen und Annahmen über Reibungswirkungen wurden schwere wissenschaftliche und persönliche Beschuldigungen verbreitet, ohne daß der ‚Bescholtene‘ auch nur angehört wurde. Weder Professor Kammerer noch ich wurden irgendwie befragt, obwohl der Angegriffene unser wissenschaftlicher Mitarbeiter war und wir über seinen Wert jeden Bescheid geben konnten.

Die feindlichen Behauptungen und die beiden ‚vernichtenden‘ Gutachten hat der ‚Verurteilte‘ nur durch mich erfahren, wobei ich das ‚Amtsgeheimnis‘ verletzen mußte. Den Vorwurf, der mir daraus gemacht worden ist, nehme ich auf mich, weil sachliche wissenschaftliche Meinungen nur in der Öffentlichkeit der Sachkundigen zu entscheiden sind und nicht im geheimen.

Zum Heimlichen gehört übrigens in gleichem Sinn auch, wie manchmal Studierende bei Prüfungen gequält werden durch das Abfragen einzulernender Lehrsätze, die sie rasch zur Hand haben müssen, statt das Wesentliche, das Beherrschen der Sache durch Anwendung, von ihnen zu verlangen.

Zum Heimlichen gehört in ähnlichem Sinne auch die Art, wie gelegentlich Doktoranden ‚gelehrt‘ behandelt werden. Zu prüfen wäre, ob der Bewerber Aufgaben der wissenschaftlichen Technik selbständig erfaßt, wie er das Rüstzeug handhabt, wie er seine eigene Auffassung begründet und Neues zu suchen vermag. Einseitige sehen jedoch das Selbständige nicht, verlangen ihre Auffassung, wollen ihre Lehrsätze hören und fordern das Rechnen nach ihren Verfahren. So ist mehr als ein tüchtiger Selbständiger abgewiesen worden, der nicht im ausgefahrenen Formelgleise arbeitete, und wertvolle Arbeit wurde ins öde Schul- und Formelwesen hineingezwängt. Gegen solches Verfahren sind die Bemängelten wehrlos, da die Einwendungen nur mündlich gemacht werden. Der Mitprüfer widerspricht, tritt zurück, es findet sich jedoch immer ein autoritäts- und formelgläubiger Ersatz, und gerade selbständig Strebende werden geschädigt.

Die Angreifer haben den öffentlichen Weg ängstlich gemieden und wollten ihr Mehrheitsurteil an andere Hochschulen, das ist an gleichgerichtete Einseitige, bringen. Das ist zu Anfang verhindert worden, um der Berliner Hochschule ein Armutszeugnis zu ersparen, ist aber dann trotzdem geschehen.

Alle diese seltsamen Vorgänge sind Außenstehenden schwe
begreiflich ohne die weitere Kennzeichnung der persönliche
Seite. Wie kommt es doch, daß viele gegen einen auftreter
auch solche, die sein Buch sicher nicht gelesen haben, daß si
sich wegen wissenschaftlicher Meinungen eiferwütig dem hein
lichen Vorgehen anschließen gegen die Person, der gegenübe
sie stets von besonderer Freundlichkeit waren? Die ‚Aufklärung
ist einfach:

Der Angriff gegen Buch und Person ist nur Mitte
zum Zweck: nur mich will man treffen! Vor seiner Mit
arbeit mit mir erfreute sich Löffler freundschaftlichste
Wertschätzung, selbst von seiten des Abteilungsgutachters
der ihn sogar für seinen wissenschaftlichen Unterricht sucht
und mit Mitarbeit betraute. Erst seit der Gemeinschaft:
arbeit mit mir haben Freundschaft und Wertschätzung plötzlic
versagt!

Der Ausgangspunkt war meine sachliche Widerlegung vo
Behauptungen über Gasmaschinen und ihre Wirkungsgrade (S. 63
durch die ich Theoretiker nach ihrer Meinung schwer geschädig
habe. Sie standen in dem Streite eng zusammen, und sehr spä
erst wurde ihr Irrtum allgemein erkannt. Inzwischen erwuchse
gegen mich gerichtete feindselige Gesinnungen und Handlunger
Herrn Löffler hielt man für meinen Gesinnungsgenossen un
Mitarbeiter; der sollte am Emporkommen gehindert werden! Eir
zelne haben ihm offen gesagt: Kein mit mir Strebender könn
im Hochschulkreise vorwärts kommen!

Oberrichter.

Das erwähnte Obergutachten, das zur Unterstützung de
Abteilungsgutachters abgegeben wurde, verdient nähere Be
trachtung. Es beginnt mit der Bauscherklärung, der Gutachte
habe sich überzeugt, daß die Vorwürfe, die der Abtei
lungsgutachter dem Buch macht, in allen Punkten z
Recht bestehen, und in einem weiteren Schreiben sagt de
Verfasser:

> ‚Ich habe dieses Gutachten nach vieler Über
> legung abgegeben.'

Sachgründe gibt der Göttinger Oberrichter nicht an, er ver·
kündet nur seinen Richterspruch:

In allen Punkten einverstanden! Und nach vieler Überlegung! Also auch damit einverstanden, daß das Formänderungsmoment $\dfrac{f_t}{dK_t} \cdot dK^2$ eine quadratische Beziehung der Kraft ist!

Daß die jahrhundertalte Wertung der Reibung mit konstanten ‚Reibungskoeffizienten' zu Recht besteht!

Daß dem neuen Streben, dieses vernachlässigte Gebiet zu
durchforschen, die Reibung richtig, nämlich dynamisch zu erfassen, entgegenzutreten ist!

Daß selbst mit der kühnsten Vorstellung der Riementrieb
nicht als Innenwalzentrieb erfaßt werden kann!

Daß den verantwortlichen Ingenieuren zu empfehlen ist,
mit den üblichen irreführenden konstanten Reibungszahlen weiter-
zurechnen!

Daß veränderliche Wertzahlen ‚nichts besagen'!

Daß den schwierigen großen Ingenieuraufgaben über Reibung die Versuche mit den geschliffenen und gut abgewischten
Königsberger Glassplittern entgegenzustellen sind!

Daß die Reibung der Ruhe auch gleich Null sein kann!
Also auch die Auslaufreibung!

Daß das neue Streben deshalb den Ergebnissen der physi-
kalisch-technischen Forschung widerspricht!

Daß also alles dieses zu Recht Bestehende auch den jungen
Köpfen zu lehren ist!

Dieser seiner richterlichen Entscheidung fügt der Obergutachter die weitere Verurteilung hinzu:

‚und ich bin nicht wenig darüber erstaunt, daß
bei einem akademischen Lehrer, der Herr Löffler
ja ist, ein solches Buch möglich ist.'

‚Dies Buch ist nicht nur dadurch unwissenschaftlich, daß Herr Dr. Löffler von den bisherigen
Forschungen auf dem einschlägigen Gebiet gerade
die wichtigsten nicht kennt, sondern noch mehr
dadurch, daß er mehrfach, und zwar an grundlegenden Stellen, gegen die Grundgesetze der Mechanik verstößt. Das Gesetz von der Gleichheit

der Aktion und Reaktion scheint ihm unbekannt zu sein.‘

Mehrfach? Und an grundlegenden Stellen? Und gegen die Gesetze verstoßen? Oder nur gegen das vom Abteilungsgutachter allein genannte Wechselwirkungsgesetz? Statt bestimmter Angaben allgemeine Verdächtigungen auszusprechen ist bequemer. Deshalb verkündet der Oberrichter weiter, wieder ohne Angabe von Gründen:

„Weiter stößt man in dem Buche fortgesetzt auf einen solchen Mangel an Logik, daß den Darlegungen des Verfassers überall da, wo er über Bekanntes hinausgeht, so gut wie aller Wert genommen wird.‘

An welchen Stellen die Logik mangeln soll und wo und weshalb der Wert schwindet, ist in dieser Bauschverdächtigung wieder nicht gesagt.

„Zahlenmäßige Angaben über die mechanischen Verluste der Triebwerke, sowie Angaben über Versuchsergebnisse fehlen vollständig, so daß auch der Praxis mit dem Buch rein nichts gedient ist.‘

Sinn und Ziel ist im Buch an zahlreichen Stellen klar genannt: endlich richtige Versuche anzuregen, ihre Möglichkeit zu begründen, und es ist klar gezeigt, wie sie zu führen sind. Nun wirft der Herr Oberrichter dem Verfasser vor: die Zahlen fehlen, die ‚Koeffizienten‘, die wir gewohnt sind und die wir brauchen, damit wir mit bequemen Leierzahlen weiterrechnen können.

Der Neuerer soll also das Neue nicht nur erdenken und begründen, er soll außerdem die Versäumnisse eines Jahrhunderts selbst nachholen und viele Jahre an Zeit und Hunderttausende an Versuchskosten wohl selbst aufwenden!

Das Verlangen ist kennzeichnend. Jetzt wird mit wirklichkeitswidrigen konstanten Zahlen gerechnet; daß sie falsch und unzulässig sind, wissen auch die, die sich als Richter gebärden. Der Neuerer weist den richtigen Weg zu den veränderlichen Betriebszahlen, und die Wissenschaftshüter rufen: Das verstößt gegen Grundsätze! Die Zahlen sind veränderlich, daher wertlos, jedoch: Her mit den Zahlen!

Das ganze Verfahren ist kennzeichnend für die fachlichen Verdächtigungen:

Es wird allgemein genörgelt, aber an entscheidender Stelle ja nicht gesagt, wie das Bemängelte richtig lauten sollte; das läßt man im unklaren. Weil jedoch diesmal die Äußerungen schriftlich abgegeben wurden, erweist sich das viele Sinnwidrige der Gutachten an Stellen, wo sie aus dem Bauschnörgeln heraustreten und nähere Angaben machen müssen.

Erfahrene haben das Buch richtig erfaßt und haben beim Verein deutscher Ingenieure die Durchführung der angeregten Versuche beantragt, sind jedoch leider wegen der Höhe der Versuchskosten nicht durchgedrungen. Der Verein hat früher die Mittel für die von Professor Klein durchgeführten Versuche gewährt, die schon einen Fortschritt erstrebten, jedoch wegen des zu kleinen Maßstabs unzureichende Zahlenwerte ergaben.

Zum Schluß spricht der Oberrichter das endgültige Verdammungsurteil aus:

> ‚Nach meiner Ansicht kann jemand, bei dem ein solches Buch möglich ist, nicht länger akademischer Lehrer bleiben.‘

Das ist die Hauptsache! Wegen dieser Urteilsschöpfung sind die ‚beleidigten Grundsätze‘ aufgeboten worden und die ‚Logik‘! Genau dasselbe haben die Berliner Femrichter gesagt, hintenherum, und dem Minister nahegelegt. Dasselbe die weiteren ‚Gutachter‘: Der Mann muß weg!

Andersgläubige hat man früher verbrannt. Das ist nicht mehr möglich, aber verbannen kann man sie vielleicht! Der Mann muß fort, der es wagt die hundert Jahre alte Kirchhofsruhe der so bequemen ‚Reibungskoeffizienten‘ zu stören! Dem gar zuzutrauen ist, er könne auch in andere vernachlässigte Gebiete hineinleuchten! Bei ähnlichen Vorgängen, z. B. bei der Vertreibung Dührings, war der Anlaß eine ‚beleidigte‘ Person. Hier sind die einseitigen Anwendungen von ‚Grundsätzen‘ beleidigt und ehrwürdige falsche Koeffizienten!

Wäre die Urteilsfällung umgekehrt nicht richtiger?

Können solche ‚Richter‘ noch länger akademische Lehrer bleiben, die zwar bisher vielleicht keinen ihrer ‚Lehrsätze‘ und keine unsinnigen ‚Koeffizienten‘ gekränkt, jedoch auf dem fraglichen Gebiete überhaupt nichts gearbeitet und geleistet haben, und die jetzt nur wegen sachlich verschiedener Meinung über einen Fortschrittsweg einen Kollegen hinterrücks aburteilen, ohne zu verraten, wie die Aufgabe richtig zu lösen ist; die, ohne den Kollegen angehört zu haben, ihr angemaßtes Urteil anderen Hochschulen und dem Minister hinterbringen, den sachlich Angegriffenen also persönlich schädigen wollen, da doch dem Minister die Sache völlig fremd ist?

Können solche Lehrer länger Hochschulen zieren, die die Jugend in diesem fortschrittsfeindlichen Sinn belehren, ihr Einseitigkeit, Wirklichkeitsblindheit und Überhebung beibringen; die selbst ein bedenkliches sittliches Beispiel bieten, einen Neuerer persönlich anfallen, ihn hinterrücks verschergen, nur weil sie anderer Meinung sind über fachliche ‚Logik‘ und über eine Gleichgewichtsgleichung, die sie selbst gar nicht nennen können?

Akademische Lehrer sind es, die die blind gewordenen Fenster nicht öffnen, Licht nicht hereinlassen, was auf gar vielen Gebieten nötig wäre! Und wenn Professoren solches heimlichen ‚sachlichen‘ Angriffs fähig sind, wenn sich selbst eine Hochschulabteilung zu ihm bekennt, dann werden allerdings künftig Fähige und Vorwärtsstrebende abgeschreckt werden, überhaupt Fortschritt zu suchen. Das Beispiel zeigt: Schimpf und persönliche Verfolgung ist der Mühe Lohn.

Nachwuchs, merke dir:

Wozu die Wahrheit suchen, wenn die Hüter des Überlebten herrschen, wenn der Fortschrittsucher sogar in der Welt der wissenschaftlichen Tatsachen nur verunglimpft und geschädigt wird?

Wozu Neues erstreben in Lehre und Forschung, wenn nur die Untätigen herrschen, wenn die abgegriffenen schlechten Formeln und Koeffizienten als Ersatz für alle Zeiten gelten?

Plagt euch nicht! Viel einfacher und lohnender ist es, Wälzer zu schreiben und Schaffende zu bekritteln.

Dazu haben die Unfruchtbaren sogar Zeit mitten im Lebenskampfe des Volkes gefunden und zwingen andere dazu, Zeit zur Abwehr aufzuwenden.

Neue Kriegslage.

Die Abteilung hat die Angelegenheit als ‚Hochschulsache‘ vor Rektor und Senat gebracht, und dessen besondere Kommission hat zwei Theoretiker der Schiffbauabteilung mit der Erstattung neuer Gutachten über das Löfflersche Buch betraut, will also ihr Urteil hören über wissenschaftliche Meinungen, darüber, wie Widerstände zu erfassen (Bild) und zu werten sind (Gleichung), und zwar wesentlich bei Wälztrieben.

Eine naheliegende älteste Aufgabe, die eine lange Entwicklung umfaßt, vom uralten Wagenrad bis zu den Schnellaufrädern der Eisenbahnen und Kraftwagen, zugleich eine wichtigste Aufgabe der Kraftübertragung; eine sehr schwierige Sache, weil veränderliche Betriebsverhältnisse entscheiden, deren Wesen noch nicht erforscht ist. Die bisherige Erkenntnis und ihre Voraussetzungen widersprechen denn auch auffällig der Wirklichkeit und den Erfahrungen, und ausreichende Versuche fehlen.

Die bisherigen Bilder des Kräftespiels ruhen auf willkürlichen Annahmen, setzen ebenso wie bei der bisherigen Erfassung der Reibung nur statische Wirkung von Einzelkräften voraus, und die Wertung ruht auf der Annahme, der Widerstand sei gleich einer Kraft mal einem ‚Koeffizienten‘, der als unveränderlich angegeben und beim Rolltrieb als ‚Hebelarm‘ der ‚‚rollenden Reibung‘‘ bezeichnet wird.

Das widerspricht der Wirklichkeit; die ‚Koeffizienten‘ können keine konstanten Zahlen sein, der Zustand ist ein dynamisch wechselnder, im tatsächlichen Betrieb wirken zahlreiche Einflüsse zusammen. Die üblichen Gleichungen sind wirklichkeitswidrig, denn der Verlust ist eine Arbeit der Formänderung. Beim Rolltrieb wird außerdem ein gleichzeitiges Gleiten angenommen, weil ältere Forscher dies vorausgesetzt haben.

Die bisherigen Wertzahlen entstammen unvollkommnen Kleinversuchen, die nur beschränkt gelten. Neuere bessere Versuche klären einige Widersprüche auf; umfassende Großversuche fehlen. Nur Lagerreibung ist gründlicher erforscht, bei der der Schmierwiderstand mit entscheidet.

Die neue Auffassung klärt bisherige Widersprüche auf und stimmt mit den neueren Versuchen von Kammerer und Jahn, die von Theoretikern angegriffen wurden, ohne daß diese Neues brachten. Noch heftiger wurde Löffler angegriffen, von solchen, die dieses Gebiet nie bearbeitet haben.

Das Abteilungsgutachten bietet heftige Rede, jedoch weder Bild noch Gleichung der ‚richtigen‘ Auffassung und stützt sich auch nicht auf Versuche, außer auf die für Betriebe sinnwidrigen Königsberger Kleinstversuche. Es bemängelt das Ganze und allerlei Einzelheiten, behauptet vielerlei und beweist nichts; es greift den Neuerer aufs heftigste persönlich an, weil er angeblich gegen einen Grundsatz verstoßen habe.

Der angerufene Obergutachter gibt gar nichts zur Sache an, beweist nichts und verurteilt nur.

Der eine Senatsberater stellt fest, daß Löfflers Bild und Gleichung verstoßfrei sei für den Außenwalzentrieb, gibt aber für den angeblich falschen Innentrieb weder Bild noch Gleichung seiner Auffassung, der ‚richtigen‘, und wendet sich dafür um so schärfer gegen die Person des Neuerers.

Der andere Senatssachwalter stellt ein neues Bild auf, doch wohl, weil die alten, allerorts gelehrten untauglich sind. Sein Bild ruht jedoch auf wirklichkeitswidrigen Annahmen, und die Hauptsache, die zum Bild gehörige Gleichung, wird verschwiegen, ebenso Schlußfolgerungen, Versuche und Wertzahlen. Das Gutachten ist daher sachlich ergebnislos und vermehrt nur die nicht erwiesenen ‚Theorien‘.

Das Verfahren der vier Angreifer ist das gleiche: Sie bringen nicht die ‚richtige‘ Sache, sie verurteilen die Person, ohne sich mit ihr zu verständigen, haben ihre Verurteilung anderen mitgeteilt, die sie verbreitet haben in gehässigem Auszug, lange bevor der Bekriegte davon Kenntnis erhielt.

Die Zustimmung des Senats wurde vorweggenommen, verbreitet und dem Minister berichtet. Von keiner Seite ist gegen dieses Kampfverfahren Einspruch erhoben worden.

Meinungen über Rollwiderstände sind also Anlaß zu unerhörter Kriegführung. Die Angreifer waren stets Ankläger und zugleich Richter und wegen der Verbreitung auch Vollstrecker ihrer ‚Verurteilung‘.

Dabei ist die einzige Beschuldigung: beim Innentrieb sei ein Gesetz verletzt, und der Ketzer meine, die Reibung wirke anders, als ältere Forscher meinten! Sonst liegt nur noch die Behauptung vor, daß er auch gegen die ‚Logik‘ verstoßen habe; keiner der vier Richter hat jedoch angegeben, wo und wie diese Sünde begangen sei.

So geschehen im freien und neuerdings befreiten, duldsamen 20. Jahrhundert!

Die Ursachen solches Kampfverfahrens lassen sich nicht erkennen, wenn man nicht das persönlich Gerichtete als alleinige Triebkraft ansehen will oder Mißverständnisse in der Sache oder völlig verschiedene Denkweise zweier Richtungen.

Vier Theoretiker haben sich bereit erklärt, die ‚Sache‘ aufzuklären, keiner hat das ‚Richtige‘ angegeben anstelle des angeblich Falschen. Erst wenn das Richtige vorläge, könnten Erfahrene anfangen, die Sache zu beurteilen. Statt die Entscheidung solcher naturgemäßen Art auf Grund überlegenen Wissens vorzubereiten, haben die ‚Gutachter‘ die Person verurteilt und verschweigen, wie die Sache richtig zu erfassen sei; sie folgen ihrem Wollen, die Person zu verfolgen.

Das angeblich verletzte Wechselwirkungsgesetz ist nicht zu erörtern; jeder Anfänger lernt und beherrscht es. Daß der Vorwurf einem wissenschaftlich wie praktisch Erfahrenen, seit langem verantwortlich Schaffenden gemacht wird, sollte Vorsicht gebieten, sollte den Gedanken nahelegen, daß hier tieferliegende Mißverständnisse vorliegen, und sollte von dem Vernichtungswillen abhalten, der aus den ‚Gutachten‘ spricht. Über das Naheliegende wurde hinweggestürmt: daß Meinungsverschiedenheit vorliege in einer Frage, die sehr fortschrittsbedürftig ist, so daß jeder willkommen sein sollte, der Besseres bringt.

Weil die Ankläger und zugleich Richter die ‚richtige‘ Sache verschweigen, wachsen die Mißverständnisse zu störrischen Erörterungen nach berüchtigter Gelehrtenart aus, und da Ausgangspunkt und Stütze der Anklage nur Lehrsätze und Lehrmeinungen sind, die von den Lehrkanzeln verkündet werden, so ist jedes Zugeständnis, daß an diesen Sätzen etwas mangelhaft sei, leider verzwillingt mit dem Bekenntnis, es sei lange Zeit Falsches gelehrt worden.

Vielleicht liegt folgendes Mißverständnis vor: Im Buche ist die dynamische Auffassung zwar vielfach angegeben, jedoch, da es nicht für Unerfahrene geschrieben ist, als selbstverständlich angenommen, daß das dynamische Formänderungsmoment entgegen dem treibenden Moment wirken muß und nicht aufgefaßt werden kann als ein statisches Moment des Normaldrucks an der Kraftübertragungsstelle; als selbstverständlich wurde auch angesehen, daß die zwecks Erläuterung gezeichnete Lage der Kräfte nicht ihre wirkliche Lage während des Triebs sein kann. Die Verschiebung ist offensichtlich nur gezeichnet, um das Verlustmoment darzustellen; denn im wirklichen Zusammenhang der Formänderungen läßt es sich nicht darstellen. Selbstverständliches ist im Buche nicht ‚breit‘ gesagt: daß die Aufgabe nicht statisch auszudrücken, die Wirkung nicht an starren Körpern zu verfolgen ist, daß in die Bilder nicht die gewohnten statischen Momente hineinzudeuten sind.

Mechanische Ähnlichkeit.

Die neuen ‚Gutachten‘ zeigen wieder, daß Theoretiker und verantwortlich schaffende Ingenieure leider durch eine grundsätzlich verschiedene Denkweise getrennt sind, welche Grundursache ist des Zwiespalts zwischen ‚Theorie‘ und Wirklichkeit, zwischen Schulwissen und Leben.

Wegen dieser Denkart der Theoretiker sind ihre Äußerungen gleichgerichtet und könnten durch beliebig viele vermehrt werden, die gleicher Denkrichtung entstammen, nämlich der bei uns herrschenden einseitigen und wirklichkeitswidrigen.

Notwendige Folge der selbstgezogenen Denkgrenzen ist die mechanische, das ist die gesetzmäßige Ähnlichkeit der Auffassung.

Die ‚Gutachten‘ zeigen auch das gleiche Unduldsame, das rücksichtslos jede andere Meinung verurteilen will, denn die Richter glauben unwandelbare ‚Gesetze‘ zu besitzen, die einzige ewige ‚Wahrheit‘, auch wenn sie nur Meinungen und Annahmen entstammt und auf Erfahrung, Betriebsverhältnisse und Wirklichkeit keine Rücksicht nimmt.

Die mechanisch ähnliche Auffassung der Lehrsatzwissenschaftler ist Folge ihres Verfahrens: die unbequeme, vielseitig fordernde Wirklichkeit zu ersetzen durch einige ausgewählte Beziehungen, nämlich nur solche, die sich mittels einiger Annahmen und Lehrsätze engbegrenzt erfassen und auch mathematisch ausdrücken lassen. Das gilt und herrscht als

‚exakt‘, als ‚rein‘, überhaupt als ‚wissenschaftlich‘. Die Ergebnisse im Senatsverfahren sind kennzeichnend:

Erstes Senatsgutachten,

Der eine Senatsgutachter schreibt, er wäre ersucht, ‚ein Gutachten über die wissenschaftliche Tätigkeit Löfflers zu erstatten‘. Wird wohl kaum so verlangt worden sein! Wenn ja, dann ist dem Ersuchen schlecht gedient, weil der Beauftragte außerhalb einiger beanstandeter Teile des Buchs die wissenschaftliche Tätigkeit des Beklagten nicht kennen gelernt hat, weder im Fach noch in Lehre oder Veröffentlichungen. Die wissenschaftliche Tätigkeit ist eigenwillig nach einigen Buchseiten beurteilt und verurteilt.

Der Senatsanwalt erweitert sogar von vornherein selbstherrlich seinen angeblichen Auftrag:

‚Da in diesem Streitfall die Wahrheit zum Schaden der Wissenschaft und der akademischen Jugend zu unterliegen droht, wenn die berufenen Vertreter des in Frage kommenden Gebietes nicht mit aller ihrer Kraft für die Wahrheit eintreten, so halte ich mich zugleich für verpflichtet, hier auch meine Äußerung über die Persönlichkeit des Herrn Dr. Löffler hinsichtlich seiner Eignung zum akademischen Lehrer niederzulegen.‘

Solcher Eigendrang zeigt eine Richterabsicht, die das sachliche Suchen nach ‚Wahrheit‘ anprangert und den Gutachterwert mindert.

Wo ist denn die Wahrheit und die Jugend in Gefahr? Die ‚Wahrheitskünder‘ haben doch allerorts das Wort und herrschen, haben im vorliegenden Fall ganz allein und mit aller Kraft gesprochen, angegriffen und gewühlt, mit allen Mitteln, um den Beschuldigten vor der Wissenschaft, der Jugend und den Behörden hier und andernorts zu ‚vernichten‘, haben solcherart gearbeitet, daß dem Verfolgten jede Erwiderung unmöglich gemacht wurde.

Der Notschrei des Richters macht den Eindruck, daß es mit der ‚Wahrheit‘ schwach bestellt sei, und daß das eigenwillige Erweitern des Auftrags der feindlichen Absicht entspringe, das Persönliche in die Kampflinie zu schieben, weil der Sache nicht zu trauen ist.

Die donnernde Entrüstung ist übel angebracht. Es ist doch nur

schlicht und sachlich festzustellen, ob die Wahrheit durch einige
Buchstellen verletzt sei, oder ob solches nur behauptet werde. Die
vom Vertrauen des Senats beehrten Untersuchungsrichter sollen
ihm doch nur erklären, wie Lehrsätze mit Meinungen über Reibung
stimmen; offenbar ohne Ansehen der Person.

Der Richter macht außerdem persönliche Angaben, die weder
klären noch richtig sind: Er sagt, er habe mit Löffler ,auf seine
besondere Bitte hin' eingehende Auseinandersetzungen gehabt.
Die waren seltsam und sind daher hier zu erwähnen.

Nur ich habe gebeten, daß Besprechungen mit Löffler
stattfänden. Die ersten mit ihm allein im November v. J.
gehaltenen waren indes erfolglos, weil der Urteilende nur einige
Seiten des Buchs gelesen hatte und es schon damals ablehnte,
seine Auffassung rechnerisch auszudrücken; sie waren auch er-
regt, weil dem Angeklagten sofort Unkenntnis der Gesetze
der Mechanik vorgeworfen wurde und er sich auf Einzelheiten
nicht festlegen lassen wollte ohne Eingehen auf den übrigen
Inhalt des Buchs.

Überzeugt, daß nur Mißverständnisse vorlägen, die gutwillig
leicht aufgeklärt werden könnten, habe ich wieder um Aussprachen
gebeten, die dann gleichzeitig mit mir stattfanden. Der Gutachter erklärte wieder, er habe das Buch nicht ganz, jedoch ausreichend gelesen, habe ,viele Stunden schwer daran gearbeitet'.
Er legte die eine Hand über das Buch, den Finger der anderen
auf das Bild 7 und behauptete, hier sei das Wechselgesetz verletzt und das Kräftepaar fehle. ,Gestehen Sie den Fehler ein?'
Der Beschuldigte erwiderte, daß die weiteren Bilder, insbesondere 18—28, und der weitere Inhalt des Buchs volle Aufklärung
gäben. Der Richter und seine Hand weigerten sich indes diese
Bilder aufzuweisen; die Fehler seien schon auf dieser Seite offenbar. Ich bat dann nochmals, die Auffassung durch Rechnung
auszudrücken, sonst seien die Meinungen nicht zu klären.

Bei der nächsten Besprechung verlas der Gutachter eine
sorgfältige Übersicht über Wesen und Ziel der Mechanik und
auch die Gleichungen des Rolltriebs, die nach seiner Ansicht das
Wechselwirkungsgesetz nicht verletzen. Der Beklagte bat, ihm
diese Rechnung unter Gewähr nur persönlicher Einsichtnahme
zu überlassen, was versagt wurde. Wir baten dann zusammen
darum, die Rechnung möge veröffentlicht werden, was wieder

verweigert wurde, mit der Begründung: ,Sie würden ja sofort darauf erwidern!' Er wünsche nicht in den Streit hineingezogen zu werden und bedaure, daß schon sein ,vorläufiges Urteil' herumgesprochen werde.

Das nunmehr erstattete Gutachten enthält diese Gleichgewichtsgleichungen nicht. Geht also der Sache aus dem Wege, wohl deshalb, weil die ,richtigen' Gleichungen für den Außentrieb genau dieselben waren wie die in Löfflers Buch angegebenen, hingegen für den Innentrieb sich ein + in ein — verwandelte, was in Wirklichkeitssprache heißt:

Für den Innentrieb, der sich vom Außentrieb und vom Trieb auf ebener Bahn nur durch den Krümmungsradius unterscheidet, wird nach der Rechnung des Gutachters der Wälzwiderstand eine Triebkraft!

Die Verdammung, der Angeklagte verstoße ,in gröbster Weise' gegen das Wechselwirkungsgesetz, ist daher selbst vom Standpunkt des Untersuchungsrichters, Anklägers und Richters auf die schwächere Hälfte zu vermindern, denn der Außentrieb ist laut eigenen Urteils des Gutachters richtig berechnet, und über die angeblich falsche Hälfte, über den Innentrieb, ließe sich nunmehr reden, wenn die Richter nur ihre Auffassung, ihre Rechnung, also das zweifellos Richtige bekannt gäben.

Auch dieser Senatsberater ist zugleich Kläger und Richter und außerdem Vollstrecker, denn er verkündet donnernd das Urteil und hat dessen Verbreitung zugelassen; er verkündet, daß der Beklagte

,die Fähigkeiten eines Wissenschaftsarbeiters auf technischem Gebiet nicht besitzt und sich daher nicht zum Lehrer einer deutschen Technischen Hochschule eignet'.

Dieses Verdammen stützt sich darauf, daß nach Ansicht des Klägers und Richters der Verurteilte das Bild 7 und die zugehörige Gleichung nur für den Außentrieb richtig bestimmt habe.

Die Angabe in dem Senatsgutachten:

,Ich habe ihm in langen mündlichen Verhandlungen wiederholt die Hand zur Rettung geboten: er möge seine Fehler einsehen und eingestehen; er ist jeder Belehrung unzugänglich gewesen und hat, als ich ihm die Unrichtigkeit und die Widersprüche seiner Arbeit nachwies, mit der letzten Ausflucht geantwortet, er erkenne die Grundsätze der Mechanik überhaupt nicht an oder lege sie anders aus als die sogenannte Wissenschaft.'

Diese Angabe entspricht durchaus nicht den Tatsachen, denn der Untersuchungsrichter hat gar nichts nachgewiesen, hat nicht belehrt, sondern immer nur behauptet, im Bild 7 liege der Fehler gegen das Wechselwirkungsgesetz, ohne die anderen Buchstellen auch nur anzusehen, und er erwähnt auch in seinem Gutachten nur dieses Bild. Der Richter hat dem Beschuldigten wie auf der Folter immer nur zugeredet: Gestehe! Von anderem, von den Grundsätzen der Mechanik, war überhaupt keine Rede. Ich habe die Äußerung Löfflers, die übrigens wörtlich anders lautete, inmitten des Zwangsverfahrens sehr treffend gefunden, ihr Sinn darf nicht aus dem Zusammenhang gerissen werden.

Der Richter erwähnt in seinem Urteil auch:

‚Ich habe in den mündlichen Verhandlungen mit ihm Gelegenheit gehabt festzustellen, daß ihm die Grundgesetze der Mechanik zum Teil fremd waren, denn ich kann nicht annehmen, daß er sich damals verstellt hat.'

Diese Äußerung ist eine gehässige persönliche Verdächtigung, denn bei den Besprechungen sind andere Grundsätze als der angeblich beleidigte überhaupt nicht besprochen worden.

In Sperrschrift verkündet der Richter:

‚Daher ist die Löfflersche Darbietung für die Praxis als eine Irrlehre gefährlichster Art zu bezeichnen, vor der die Öffentlichkeit gewarnt werden soll.'

‚Ich sehe es als einen für ihn besonders ungünstigen Umstand an, daß er als »Professor« trotz der vielen an ihm unternommenen Belehrungsversuche die offensichtlichen Fehler nicht bekennt und so die akademische Jugend und das Ansehen der Technischen Hochschule aufs schwerste schädigt.'

Dazu ist zu bemerken: Die angebliche Irrlehre bezieht sich selbst nach richterlicher Feststellung nur auf den Sonderfall des Innentriebs, und sie könnte ohne Schädigung der Jugend und der Hochschulen einfach dadurch unschädlich gemacht werden, daß die Richter ihre ,Wahrheit' für den Innentrieb verkündeten, zugleich als notwendige Begründung ihres Verdammungsurteils. Das wäre wirksamer, als den ‚Professor‘ bekehren und zum ‚Geständnis‘ zwingen zu wollen.

Der Senatsgutachter richtet und vollzieht sein Urteil, behält alles Sachliche für sich, widerlegt nicht, behauptet nur, gibt kein Bild, keine Gleichung, greift persönlich an, verurteilt. Sachliches Wollen ist nicht ersichtlich, sachliche Angaben fehlen. Selbst zu sagen, was richtig ist, das ist gefährlich; man legt sich fest und zeigt unter Umständen, daß man selbst ‚Grundsätzen‘ widerspricht, wie dies dem anderen Senatsgutachter widerfährt. Sicherer und bequemer ist das Behaupten, das unbestimmte, lehrsatzhafte, ohne zu beweisen, ohne zu prüfen, ob das Behauptete mit der Wirklichkeit, mit der Erfahrung stimmt.

Zweites Senatsgutachten.

Das zweite Senatsgutachten unterscheidet sich vom ersten insofern, als es einen sachlichen Teil enthält und in diesem auch eine eigene neue Erfassung der Sache angibt, jedoch ohne sie zu begründen. Eine neue Theorie, ein neues Bild, jedoch ohne mitzuteilen, wie Rolltriebe nach dieser Theorie zu berechnen und zu werten seien.

Es bietet daher den Anfang einer neuen Lösung der Aufgabe, aber ohne Gleichung, ohne Wertung, ohne Nachprüfung. Das Neue ist in Löfflers ‚Theorie und Wirklichkeit bei Triebwerken und Bremsen‘ ausführlich gewürdigt, die Widersprüche sind nachgewiesen und die Unmöglichkeit, solcherart zu werten. Hier ist zur Streitfrage nur zu erwähnen: Der Gutachter hat das beanstandete Buch anscheinend nicht gelesen, nicht studiert, er sagt doch selbst, er sei über den Abschnitt III nicht hinausgegangen. Recht bedenklich für einen Richter, der denn auch Dinge im Buche vermißt, die dort deutlich angegeben sind, und der statisch betrachtet, was unverkennbar als dynamisch gekennzeichnet ist.

Das eigene neue Bild des Gutachters widerspricht der Wirklichkeit schon dadurch, daß nach seiner Theorie sich Rollverlust nur mit weicher Walze auf starrer Bahn ergibt, umgekehrt nicht, und noch mehr dadurch, daß eine getriebene Walze gegenüber der treibenden ohne Schlupf laufen, ihr sogar voreilen könne!

Nur regelrechter Betrieb kommt in Frage, nicht Ausnahmezustände. Formänderungsschlupf muß doch immer eintreten, die getriebene Walze mußte — bisher wenigstens — immer nacheilen, und so wird es wohl bleiben.

Das von dem Gutachter erdachte Voreilen der getriebenen Rolle verstößt vielleicht nicht gegen eine neue Theorie, nicht gegen das Wechselwirkungsgesetz, wohl aber ‚in gröbster Weise‘ gegen ein wichtigstes Grundgesetz der Mechanik, gegen das Gesetz von der ‚Erhaltung der Energie‘.

Solcher Verstoß hat nach dem Urteil des Scherbengerichts zur Folge, daß der Verstoßende unzweifelhaft ‚als Lehrer einer deutschen Technischen Hochschule‘ untauglich ist. Vielleicht ist seine wissenschaftliche Tonnage noch für eine chinesische Hochschule ausreichend; doch auch das ferne Gefilde ist gefährdet, denn die Verurteilung wird schon vor der Verkündigung weit verbreitet, wer weiß wohin.

Der Gutachter gibt zu seiner Theorie weder Versuche noch Wertzahlen, er sucht sogar Unmögliches, nämlich getrennte Zahlen für jeden Teil des Rolltriebs, die praktisch gar nicht zu bestimmen sind. Seinem Beginnen können wörtlich die Einwendungen des ersten Senatsgutachters entgegengehalten werden:

„Es fehlen die Versuchsergebnisse, die seine Auffassung über das Wesen des Wälzvorganges bestätigen könnten. Seine hypothetischen Vorstellungen schweben somit vollständig in der Luft und sind für technische Zwecke wertlos, solange sie nicht durch den Versuch bestätigt sind“.

„Hätte er den praktischen Versuch als den obersten Richter in naturwissenschaftlichen Dingen sprechen lassen, so hätte er die Haltlosigkeit seiner Behauptungen gefunden“.

Weil der zweite Gutachter, gegen den Energiegrundsatz verstoßen hat, so gilt für ihn auch weiter, was der erste feierlich verkündet:

‚Die Technische Hochschule muß von ihren Lehrern — als den Bildnern und Erziehern der akademischen Jugend — mit Entschiedenheit verlangen, daß sie geistig gefestigte Persönlichkeiten sind. Sie müssen vor allem Herren ihrer Sinne als der Eingangspforten naturwissenschaftlicher

Erkenntnis und Herren der Gesetze menschlichen Denkens sein; nur so vermögen sie diese beim Gestalten technischer Dinge richtig anzuwenden, und nur so vermögen sie der technischen Wissenschaft in Forschung und Lehre zu dienen. Aus dem Inhalte (des Gutachtens) geht für jeden Sachkenner unzweifelhaft hervor, daß der Verfasser ... die Fähigkeiten eines wissenschaftlichen Arbeiters auf technischem Gebiete nicht besitzt und sich daher nicht zum Lehrer an einer deutschen Technischen Hochschule eignet.'

Mechanik.

Der Mechanik war das Denken größter Geister gewidmet, von Archimedes und Aristoteles über Galilei und Newton, Leibniz und Lagrange bis zu fast allen großen Führern. Die Mechanik will die Natur gesetzmäßig erfassen, sie ist Ziel und Grundlage der Naturerkenntnis und ihrer Verfahren; sie umfaßt schließlich alles ursächliche Erkennen natürlicher Zusammenhänge, gleichgültig, ob der Forschende und Erkennende ,Theoretiker' oder ,Praktiker' ist.

Beide irren, wenn sie die Wirklichkeit nicht richtig erfassen, die allerdings nur den Schaffenden unfehlbar richtet. Die Wirklichkeit ist immer so verwickelt, daß das Mühen bester Köpfe doch nur Suchen ist nach immer vollständigerem Erfassen des Wirklichen, nur Annäherung, so daß auf dem Fortschrittswege Annahmen aushelfen müssen, selbst wirklichkeitswidrige Vereinfachungen. Die Ergebnisse dürfen daher nicht als vermeintliche Wahrheit, als ,Lehrsätze' ausgedrückt werden.

Nur ein Verfahren führt zum Ziel: erst Bilder der Wirkungen anzunehmen, einen vorausgesetzten ursächlichen Zusammenhang allgemein auszudrücken, wenn möglich mathematisch (Gleichung), dann beide nachzuprüfen durch planmäßige Versuche oder lange Erfahrung in der Anwendung.

Der Mensch erforscht anscheinend zuerst das Fernliegende, das Nahe hingegen nur unvollständig. Die Himmelsmechanik z. B. ist tief erforscht und Gebildeten manchmal bekannt, die Mechanik des eigenen Körpers nie. Die Formänderungen sind in einer schwierigen Form, als Schwingungen, erforscht, und kein Ende tiefster Einsicht ist abzusehen, obwohl die neuen Annahmen immer gegen die vorangegangene Lehre verstoßen, die neuen Bilder willkürlich, unwirklich scheinen, die Rechnungen nur beschränkt gelten.

Hingegen die naheliegenden, scheinbar einfachen, sogar sinnenhaft wahrnehmbaren Formänderungen beim Reiben oder Wälzen sind unerforscht, die Annahmen und Lehrmeinungen ruhen auf ganz mangelhafter Erfahrung und widersprechen offen der Wirklichkeit. Mißverständnisse und Irrtümer herrschen, und schon der Versuch zu bessern wird heftig bekämpft!

Die Gegensätze sind oft nur scheinbare, sind Gradunterschiede. Aus der Ferne werden die bloßen Umrisse z. B. eines Gebirgs deutlich erkannt, die eindringende Nahforschung bringt erst die endlosen Schwierigkeiten. So in jeder wahren Wissenschaft.

Die Mechanik wird in weiten Kreisen mißdeutet. ‚Mechanik‘, ‚mechanisch‘ bedeutet im wissenschaftlichen Welsch, in der Deutung durch die ‚Geisteswissenschaften‘ eine Unterstufe: das Geistlose, Gedankenlose, das Selbsttätige, Zwangläufige oder Maschinenmäßige, das Gewohnte, Handwerkliche, kurz das ‚Technische‘!

Wissenschaftliche Mechanik ist die oberste der Wissenschaften, ist eigentlich die Wissenschaft. Sie sollte Wissenschaft des Wirklichen sein, das sich jedoch noch nicht oder nimmer ganz erforschen läßt, je nach Art und Fülle des Schwierigen und Abhängigen.

Wissenschaftliche Mechanik bedeutet daher trotz ihrer Höhe immer nur das Streben, den Versuch, alles Geschehen auf und über der Erde in allgemeingültigen Gesetzen zu erfassen, was nur selten gelingt, nur gegenüber einfachen oder notgedrungen vereinfachten Beziehungen. Daraus und aus Teilerkenntnis, aus Annahmen dürfen keine ‚Gesetze‘ herausgedeutet werden.

Ein großer Teil des ersten Senatsgutachtens ist dem Wesen der Mechanik gewidmet:

»Die Mechanik ist eine Wissenschaft, die durch Beobachtung der Natur die Erscheinungen derselben auf wenige Grundgesetze, Axiome genannt, zurückgeführt hat Die mechanischen Axiome haben nicht den Wert subjektiver Lehrmeinungen, sondern sind der von den Forschern der Mechanik mit Mühe und Sorgfalt ausgesiebte Niederschlag der beobachteten Erscheinungen dieses Wissensgebietes und fassen in möglichst einfacher Form die letzten durch Vermittlung der Sinne im menschlichen Geiste erkennbaren mechanischen Grundgesetze des Waltens der Natur zusammen. Sie stehen als Grundpfeiler fest in dem Boden der Wirklichkeit. Dieser sichere Grundstock dient nun zur Aufrichtung des Lehrgebäudes der Mechanik, also als Unterlage für die mathematisch-deduktive Behandlung der verschiedenen Einzelprobleme dieser Wissenschaft, so daß es möglich wird, künftig eintretende Vorgänge, z. B. in den Anwendungen der Technik, vorauszusagen.

Die Axiome der Mechanik sind als richtig anerkannt worden, nachdem unzählige Male der Beweis erbracht worden ist, daß die aus den Axiomen mittels der Gesetze des menschlichen Denkens abgeleiteten Folgerungen zu zahlenmäßigen Ergebnissen führen, die mit den auf dem Wege des Versuchs, der ‚Erfahrung‘ gewonnenen Ergebnissen in voller Übereinstimmung stehen. Ihr haben sich alle die zu beugen, die in der Mechanik forschen oder in der Technik gestalten. Der Inhalt der mechanischen Axiome ist für alle ein objektives, gleichmäßig Gegebenes.

. . . Die mechanischen Axiome sind keine subjektiven, sondern objektive Bestandteile der Naturwissenschaften; als solche werden sie in der Technik auch allgemein anerkannt und benutzt, und zwar in der der. klassischen Mechanik entstammenden einfachen Form.«

Das sind fast so viele irrige Auffassungen als Sätze! Selbst gegen die Logik verstoßen sie: Die ‚Erscheinungen‘ der Natur sollen auf wenige Grundsätze zurückgeführt werden? Doch wohl die ursächlichen Zusammenhänge, die ursächliche Erklärung der Wirkungen. Die Mechanik befaßt sich auch nicht mit dem gesiebten Niederschlag der Erscheinungen, sondern die ursächlich erwiesenen Wirkungen werden von ihr zusammengefaßt.

Selbst mechanische ‚Axiome‘ haben nur den Wert subjektiver Lehrmeinungen, bis andere, tiefer schürfende Erkenntnisse sie verdrängen; sie sind nicht ‚Grundpfeiler‘, sondern sind gegenüber der sehr verwickelten Wirklichkeit nur Annahmen, die im Fortschritt durch bessere ersetzt werden. Sogar die Stützen der Elementarmechanik sind nicht ‚im Boden der Wirklichkeit verankert‘.

Das Kräfteparallelogramm z. B. wird von Mathematikern abgewiesen, von anderen als unbewiesen angesehen oder als unbeweisbar. Ebenso wie die ‚Axiome‘ der Geometrie.

Kräfte werden uns in ihrem Wesen wohl ewig dunkel bleiben, sie können uns nur Beziehungen und Wirkungen erklären, nur ihre Wirkungen sind erfaßbar, nie die Kräfte selbst.

Die Erfassung der Masse, des dritten Grundpfeilers der ‚exakten‘ Mechanik wird längst angegriffen.

Wichtige Lehr- und Grundsätze sind daher schwankend und müssen mit fortschreitender Einsicht wechseln, alle unterliegen dem wissenschaftlichen Fortschritt und werden durch schärfere oder allgemeinere ersetzt. Auch ‚Grundgesetze‘ können daher zunächst nur Meinungen sein, bis sie richtigeren Platz machen; sie erwachsen dem Boden der Wirklichkeit, soweit wir diese erkennen. Die Erkenntnis wächst allmählich und ist immer nur eine teilweise. Die Wirklichkeit ist immer verwickelt und läßt sich nie in wenige ‚Sätze‘ bannen.

Das jetzige ‚Lehrgebäude der Mechanik‘, der ‚reinen‘, ‚abstrakten‘, ruht nur auf Annahmen, auf Vereinfachungen, es hindert den Fortschritt, weil als einfach und unveränderlich aufgewiesen wird, was in Wirklichkeit sehr verwickelt, veränderlich und vielseitig abhängig ist. Der Jugend wird verschwiegen, daß wir uns der vollen Einsicht und den Abhängigkeiten nur nähern, aber sie nie voll erreichen.

Das Streben der Fach-Theoretiker, ihre einseitig erfaßten Grundsätze als unverrückbar hinzustellen, obwohl sie mit der Wirklichkeit nicht übereinstimmen, führt zu folgenschweren Irrlehren, die das Streben nach Fortschritt schädigen und Unduldsame erziehen, immer bereit den Fortschritt zu bekämpfen.

Wozu denn forschen und mühen, wenn alles schon in ewigen Grundsätzen schön verpackt ist, wenn diese nur noch ‚anzuwenden‘ sind! Wozu denn überhaupt noch zweifeln, wenn der Zweifler von den Pächtern der ‚Wahrheit‘ angegriffen und verdächtigt wird, wenn die Lehrsatzweisheit, das Unwirkliche seßhaft und unbeweglich wird! Wenn es möglich wäre mit wenigen unwandelbaren ‚Grundgesetzen‘ die Natur zu erfassen, dann gäbe es längst keine ungelösten Fragen mehr und die Erkenntnis wäre nur noch ‚mechanisch‘ und ‚technisch‘ anzuwenden.

Zweifler und Neuerer sind übrigens immer übel empfangen worden von den glaubensstarken Grundsatzbesitzern.

Schopenhauer hat das ‚Energieprinzip‘ vorausgeschaut und wurde totgeschwiegen. Robert Mayer wurde von den Wissenschaftlern des ‚Geistes‘ und der Natur abgewiesen, die bedeutendste physikalische Zeitschrift (Poggendorff) hat seinen kurzen bahnbrechenden Aufsatz abgelehnt, weil ‚experimentelle Beweise fehlten‘! Carnot, der Wegweiser, wurde verkannt, Clapeyrons Richtlinien ebenfalls. Der Erfolg kam lange hinterher, oft namenlos durch die ausführende Technik.

Bacon hat in der Akademie ‚Salomonsheim‘, die er in seiner ‚Atlantis‘ schildert, umfassende Forschung gewollt, um der Technik zu dienen, um Not und Elend aus der Welt zu weisen. Sein ‚Hirngespinst‘ wurde verlacht oder als Traum angesehen; jetzt ist vieles verwirklicht in weitreichendem Fortschritt und wird als ganz selbstverständlich angesehen.

Neue Erkenntnisse, wie Erfindungen, gebären immer neue Aufgaben, und des Fortschritts ist kein Ende. Wir können jedoch die Erfassung der Wirklichkeit nie in wenige Lehrsätze bannen. Das ist gerade das Wesen wahrer Wissenschaft: Je weiter sie vordringt, desto schwieriger wird sie, desto mehr drängt es den Fortschrittsgeist, sie zu erweitern, das Alte zu bekämpfen.

Die ‚mathematisch-deduktive‘ Behandlung ist weder Wesen noch Ziel der Sache. Das Rechnen, das ‚Beweisen‘, das Folgern aus wenigen Grundsätzen ist oft nur Wunsch, selten erfüllbar, weil die Einsicht selten unwandelbar vorliegt, wie etwa in der Bewegungslehre, in Teilen der Astronomie usw.

In der vielgestaltigen Wirklichkeit ist die Rechnung nur begleitendes Werkzeug. Nur Erfahrungslose meinen, es könnten allgemein künftig eintretende Vorgänge durch Rechnung, durch ‚Deduktion‘ aus Lehrsätzen vorausgesagt, es könnte die Wirklichkeit gemeistert werden. Meister ist nicht der Handhaber der Werkzeuge, sondern der Kenner der Wirklichkeit.

Der folgenschwere Fehler der einseitigen Lehre ist, daß den Lernenden der Glaube beigebracht wird, alles sei errechenbar, und alles mit dem Werkzeug Gefundene sei richtig und unabänderlich; daß den Lernenden nicht zum Bewußtsein gebracht wird, daß Lehrsätze oft nur Annahmen oder Vereinfachungen sind, daß Rechnen noch nicht Wissenschaft ist und noch weniger Wirklichkeit, die den Theoretikern zudem selbst unbekannt ist.

Der Feind des Fortschritts, der Schädiger der Jugend ist die einseitige, lehrsatzhafte Behandlung der Wirklichkeit; ihretwegen sind die Lernenden nach überlanger Lernzeit gezwungen, wieder von neuem zu lernen, umzulernen fürs Leben, dann, wenn die schwierige Wirklichkeit an die Stelle der Lehrmeinungen tritt und Lehrsatzdeutung, ‚exakte‘ Rechnung und Buchwissen versagen. Die Einseitigen sind es, die zu diesem kostspieligen enttäuschenden Umlernen zwingen, das beste Jahre und Arbeitszuversicht kostet, nur deshalb, weil den Lernenden in der langen Lernzeit stets verschwiegen wurde, daß sich die Wirklichkeit durch Lehrsätze allein nicht erfassen läßt.

Früher waren die Lehrer der Mechanik Mathematiker, fremd in der Technik. Jetzt sind die Mechaniker inmitten der Fachlehre als ‚Maschinentheoretiker‘ tätig, jedoch erfahrungslos geblieben wie ihre Vorgänger; gleichwohl wollen sie überhebend über alles wissenschaftliche Arbeiten urteilen. Sie haben die alte Kluft zwischen Theorie und Erfahrung erweitert und haben die Mechanik selbst zerspalten.

Es gibt keine ‚klassische‘ Mechanik, sondern nur die Mechanik. Sie kann nach verschiedener Art entstellt werden, als ‚reine‘ Mechanik, die alles Veränderliche, Schwierige wegläßt, als ‚technische‘ Mechanik, die sich Fachzweigen anbequemt, als ‚Wärmemechanik‘ usw., die sich auf begrenzte Teile zurückzieht.

Der Grundfehler, die Ursache des Zwiespalts zwischen Theorie und Schaffen, sind immer die einseitigen Annahmen gegenüber den Aufgaben der Wirklichkeit. Wenn die Annahmen lehrsatzgemäß sind, dann erscheint es den Theoretikern besonderer Überlegung nicht wert, ob sie für den besonderen Fall richtig sind, ob sie gar mit einer Betriebswirklichkeit übereinstimmen. Der ‚besondere Fall‘, das ‚Anwenden‘ ist ja, sagen sie, nicht Sache der ‚reinen‘ Wissenschaft. So wird die Natur als aller Meisterin umgangen und das Lehrsatzhafte, Wirklichkeitswidrige herrscht.

Hertz wird von einem der Gutachter angerufen, ohne daß gesagt ist, welcher seiner Aussprüche gemeint ist. Dieser große Geist sollte in Fragen der Mechanik kritisch führen; dieser Geist, im Gesichtskreise einer Hamburger Senatorenfamilie aufgewachsen, mit technischer Bildung vertraut, redet stets so klar, daß man seinen taghellen Gedanken mit dem gleichen Hochgefühle folgt wie etwa denen Kants. Gerade zu den Grundfragen der Mechanik spricht er sich besonders deutlich aus:

‚Mathematisch kann man jede beliebige endliche oder Differenzialgleichung zwischen den Koordinaten hinschreiben und verlangen, daß sie befriedigt werde; aber nicht immer läßt sich eine physikalische, eine natürliche Verbindung angeben, welche die Wirkung jener Gleichung hat; oft liegt die Vermutung, bisweilen die Überzeugung vor, daß eine solche Verbindung durch die Natur der Dinge ausgeschlossen sei.‘

Hertz erweist überzeugend, daß Kräfte niemals Gegenstand früherer Erfahrung gewesen sind, noch daß wir sie in künftigen Erfahrungen erwarten dürfen, und er verlangt ‚weise Besonnenheit in ihrem Gebrauch‘, der nicht immer sparsam war, weil die Welt vielmehr bis zum Überdruß erfüllt wurde mit den verschiedenen Arten von ‚Kräften, die selbst niemals in die Erscheinung treten‘.

Hertz sagt deutlich zu den vorliegenden ungelösten Fragen, daß ganz allgemein die Vorgänge in reibenden Flächen zu denjenigen gehören, ‚die noch nicht auf klar verstandene Ursachen zurückgeführt werden können, sondern für welche nur gerade empirisch die erzeugten Kräfte ermittelt sind; daher gehört das ganze Problem zu denjenigen, zu deren Behandlung zurzeit die Benutzung der Kräfte und damit der Umweg über die gewöhnlichen Methoden der Mechanik noch nicht vermieden werden kann‘.

Und Hertz sagt über die Richtigkeit der Bilder:

‚In der Meinung vieler erscheint es als einfach undenkbar, daß auch die späteste Erfahrung an den feststehenden Grundsätzen der Mechanik noch etwas zu ändern finden könne. Und doch kann das, was aus Erfahrung stammt, durch Erfahrung wieder vernichtet werden.‘

‚Die Bilder werden erfunden passend für einen beab-

sichtigten Zweck, dann geprüft auf ihre Richtigkeit und
zuletzt gesäubert von inneren Widersprüchen',
welchem Verfahren höchste Zweckmäßigkeit gegenüber einfachen Erscheinungen zukommt, daß wir aber
,nicht den Standpunkt vergangener Zeiten vertreten wollen,'
daß wir die Pflicht haben, zu prüfen, ob das Bild vollkommen
deutlich sei, ob es alle Züge der Erkenntnis enthalte.

Hertz verneint entschieden, daß wir hinsichtlich unserer
Kenntnis der Kraftwirkungen so weit vorgeschritten wären.
Er warnt vor der Unbestimmtheit der Lehrsätze, der Zulässigkeit der Annahmen, ihrer Grenzen und ihrer Tragweite,
sagt deutlich: Lehrsätze sind
,das Ergebnis wirklicher Erfahrung oder nur willkürlicher
Voraussetzungen',
er sagt deutlich, daß die Annahmen
,nur den Charakter versuchsweise angenommener Hypothesen tragen',
und es bleibe abzuwarten,
,ob die Zeit unsere Annahmen widerlegen oder durch das
Ausbleiben einer Widerlegung mehr und mehr wahrscheinlich machen werde'.
Dieser große, umfassende Geist spricht stets bestimmt und
wahrhaft klassisch einfach, urteilt dabei höchst vorsichtig
und bescheiden vor der immer wiederkehrenden Frage, ob
und wann unsere Einsicht nur lückenhaft oder unrichtig sei.
Er weist auch immer auf die unvermeidlichen Widersprüche
hin, wenn mehrere Bedingungen zu erfüllen sind, und betont,
daß nur nach reifem Überlegen und erst nach längerer
Frist geurteilt werden könne. Immer spricht aus ihm die
volle Erkenntnis der Schwierigkeiten, denen die Einseitigen aus
dem Wege gehen, und bei größter Bescheidenheit doch das Vertrauen darauf, neue Zusammenhänge der schwierigen Wirklichkeit erfassen zu können.
Hertz nennt die Mechanik die oberste Wissenschaft, jedoch
nur den Versuch, das Geschehen auf allgemeine Gesetze zurückzuführen. Er nennt die Annahmen die Hilfsmittel, Scheinbilder, bloße Symbole und Vorstellungen; die Mechanik
ruhe ganz auf Erfahrung und ihrer Deutung, die nur möglich

sei, indem Zusammenhänge angenommen werden, daß daher der Weg stets unsicher sei, weil erst weiteres Erfahren und Forschen erweisen kann, ob und wie unsere Annahmen und Vorstellungen der Wirklichkeit widersprechen.

‚Es ist leicht, Betrachtungen an Grundgesetze anzuknüpfen, welche sich ganz in der üblichen Redeweise der Mechanik bewegen und doch das klare Denken unzweifelhaft in Verlegenheit setzen‘. ‚Wir können nicht den Kräften mit dem Namen auch die Eigenschaften der Kräfte verleihen.‘

Hertz sagt über die ‚Gegenkraft‘: ‚Wo bleiben die Aussprüche des dritten Gesetzes, welches eine Kraft fordert, und welches durch eine wirkliche Kraft und nicht durch einen bloßen Namen befriedigt sein will.‘

Hertz betont auch, daß es nicht ausbleiben werde, ‚daß Sätze, welche unter besonderen Voraussetzungen einmal mit Recht als ‚Prinzipien‘ bezeichnet wurden, später diesen Namen, obwohl mit Unrecht, beibehalten‘, daß viele der sogenannten Grundsätze diesen Namen nicht führen dürfen, daß jeder von ihnen auf den Rang einer Folgerung oder eines Lehrsatzes herabsteigen muß, wenn die Erkenntnis fortschreitet; sagt weiter, daß unter ‚Prinzipien‘ nicht die nackten Sätze zu verstehen sind. Hertz spricht deutlich über die Annahmen, die Scheinbilder:

‚Wir verlangen von der wissenschaftlichen Darlegung der Bilder, daß sie uns klar zum Bewußtsein führe, welche Eigenschaften den Bildern zugelegt seien um der Zulässigkeit willen und welche um der Zweckmäßigkeit willen. Nur so gewinnen wir die Möglichkeit, an unseren Bildern zu ändern, zu bessern.‘

‚Wir sind gewiß nicht zu streng, wenn wir meinen, diese Darstellung sei noch niemals zur wissenschaftlichen Vollendung durchgedrungen, es fehle ihr noch durchaus die hinreichend scharfe Unterscheidung dessen, was in dem entworfenen Bilde aus Denknotwendigkeiten, was aus der Erfahrung, was aus unserer Willkür stammt.‘

Hertz spricht sich auch deutlich über das hier in Frage stehende „Axiom“, das Wechselwirkungsgesetz aus:

‚Was seinen Inhalt anbelangt, so stellt die Anwendung

des Reaktionsprinzips auf die Fernkräfte der gewöhnlichen Mechanik offenbar eine Erfahrungstatsache dar, über deren genaues Zutreffen man anfängt zweifelhaft zu werden. So ist die Elektrotechnik bereits fest überzeugt, daß die Wechselwirkung zwischen bewegten Magneten dem Prinzip nicht in allen Fällen genau unterworfen sei.' Armes Axiom!

‚Ähnlichkeitsmechanik'.

Die alte und wieder erneuerte ‚Ähnlichkeitsmechanik' sei hier erwähnt, um Wissenschaftsirrungen unserer Zeit zu kennzeichnen, zu denen sich kürzlich auch die beiden Senatsgutachter bekannt haben.

Wissenschaftliche Versuche werden oft wegen mangelnder Mittel oder unzureichender Voraussicht im kleinen ausgeführt, an Modellen, statt an wirklichkeitsgemäßen Vorrichtungen, und die Ergebnisse werden durch ‚Analogieschlüsse' verallgemeinert, auf den Zusammenhang im großen ausgedeutet. Ein falsches Verfahren wird angewendet, und dann wird umgedeutet:

Die Sinnenähnlichkeit wird Sachgleichheit, das Kleinbild Vorbild, der Ähnlichkeitsfall wird Gleichfall.

Dieses Verfahren fälscht; kein Erfahrener zweifelt daran, daß es meist irreführend und verderblich ist, nach Kleinergebnissen die große eigenartige Wirklichkeit zu beurteilen.

Die Fehler der Ähnlichkeitsschlüsse haben unermeßlichen Schaden angerichtet, und ungezählte Millionen wurden verschlungen, wenn Kleinerfahrungen auf verantwortlich zu lösende Aufgaben der Wirklichkeit verallgemeinernd übertragen wurden. Die angebliche Ähnlichkeit kann weder befriedigende noch richtige Aufschlüsse für die großen Aufgaben geben, sie veranlaßt meist nur Irrwege. Die geometrische Ähnlichkeit bedeutet nie Ähnlichkeit der Wirkungen, auf die es ja doch nur ankommt, und ‚Grundgesetze' und mathematische Rechnungen, auf Ähnlichkeitserwägungen gestützt, führen stets zu einem falschen ‚Deduktionsverfahren'. Die Großwirkungen sind immer verschieden von den Kleinwirkungen, und Zahlenwerte aus Kleinversuchen führen stets irre.

Auch die Umkehrung der Vorgänge, zu denen nur der Ähnlichkeitswahn verleitet, ist falsch; z. B. ist der Widerstand eines festgehaltenen Körpers im strömenden Mittel des Kleinversuchs ganz anders als in der Wirklichkeit des bewegten Schiffes oder Flugzeuges.

Die Berechtigung der Ähnlichkeitsmechanik wird natürlich ‚historisch‘ begründet; es heißt, schon Aristoteles, Galilei und Newton wie später Helmholtz, Reynolds u. a. hätten den Modellversuchen Bürgerrecht gegeben.

Das Verfahren ist falsch; die Ähnlichkeitsmechanik verleitet zu Abwegen, weil sie nicht etwa planmäßig die unvermeidlichen Fehler zeigt, sondern umgekehrt die Zulässigkeit der falschen Wege und Schlüsse nachweisen will und die wirklichkeitswidrigen Voraussetzungen der Modellversuche für zulässig erklärt. Deshalb gehört sie zu den vielen Wahnwissenschaften unserer Zeit.

Die Ähnlichkeitstäuschung ist entbehrlich, weil es in allen Fällen möglich ist, die Versuche im großen wirklichkeitsgemäß durchzuführen, sobald die Mittel aufgewendet werden, die durchaus nicht höher sein müssen, vielleicht geringer sind als die Mittel, die in vielen zersplitterten Kleinversuchen ergebnislos verbraucht werden und ‚planmäßig‘ täuschen.

Die Wärmeverhältnisse z. B. kennen wir in engen Grenzen des Drucks und der Temperatur, wir kennen den unteren Ast der gesetzmäßigen Zustandsänderung von Gasen und Dämpfen unter vielen Voraussetzungen, die der Wirklichkeit widersprechen. Aus diesem Stückwissen wurden ernsthaft die Weltgaskugeln von Laplace nachgerechnet, genau auf Grade und Jahre ihres Werdens, und die Ergebnisse sind vielleicht um Jahrmillionen falsch.

Wir stecken tief in der verhängnisvollen Ähnlichkeitsmechanik. Es müßte deshalb auf jedes Lehrbuch der Physik, der Mechanik oder der Fachwissenschaften, das z. B. von Wärme spricht, von Amts wegen groß rot aufgedruckt werden: ‚Nur gültig für Zimmertemperatur und mäßigen Druck‘. Schon hierdurch würde viel Verallgemeinerung und Schaden vermieden werden.

In der ‚Hütte‘ und in ‚Forschungsergebnissen‘ sind z. B. die Zahlenwerte für Bremsreibung angegeben nach sehr sorgfältigen Modellversuchen. Der Reibungswert für die üblichen Backenbremsen auf Schmiedeeisen ist angegeben mit 0,65—0,6.

Berechne doch der Ähnlichkeitsgläubige verantwortlich danach die Bremse einer großen Fördermaschine! Er hat dann beste Aussicht auf Schadensklage und auf Gefängnis.

Zur Zahlenreihe der ‚Hütte‘ ist angegeben: ‚Bei Gußeisen gelten die höheren Reibungswerte, wenn die Bremsscheibe mit Benzin gereinigt ist, die niedrigeren, wenn die Scheibe nur sauber abgewischt ist. Bei Schmiedeeisen ist das Entgegengesetzte der Fall!‘ Das ist Ähnlichkeitswissenschaft! Dabei ist dem Verfasser noch zu danken, daß er solche beschränkenden Zusätze angibt; die Regel im Ähnlichkeitsverfahren ist, daß die Kleinwerte ohne weiteres verallgemeinert werden. Welches sind aber die Reibungszahlen der großen Fördermaschinenbremsen, die weder mit Benzin gereinigt noch abgewischt werden und deren Wirkung doch verantwortlich richtig sein muß?

Kleinversuche geben immer nur ein ganz ungefähres Bild der Vorgänge und Zusammenhänge und sind selbst als Vorversuche nur vorsichtig zu gebrauchen; nie geben sie richtige Einsicht, die auf andere, auf Betriebsfälle übertragbar ist. Die Kleinwerte wären nur verwertbar für Betriebe, bei denen dieselben Bedingungen bestehen wie bei den Versuchen. Solche Betriebe gibt es nicht.

Ähnlichkeitsmechanik und Selbsttäuschung liegen hart beieinander. Vor ihr sollte sich die Mechanik schon deshalb hüten, weil die meisten Forscher und Lehrer nicht hinreichend erfahren sind, um die Wirklichkeit richtig zu erfassen. Die Mechanik sollte ihre Schüler davor bewahren, daß sie erst im verantwortlichen Leben am eigenen Leibe die Widersprüche erfahren zwischen Ähnlichkeitsformeln und Betriebswirklichkeit.

Die Ähnlichkeitsmechanik wird neuestens gepriesen wegen der vielen Modellversuche über Luftwiderstand. Verkennung der Wirklichkeit! Gerade die Flugtechnik verlangt, wenn sie sicher und ohne Kostenverschwendung vorgehen will, Großversuche unter genau denselben Bedingungen wie im Flugbetrieb. Nur dann, wenn diese technisch unmöglich sind, mag das Mittel der Ähnlichkeitsversuche erklärlich sein, gerechtfertigt kann es auch dann nicht werden.

Natürlich kommt bei Modellversuchen auch etwas heraus, was wissenschaftlich aufgeputzt werden kann, weil das Gebiet früher Brachfeld war. Für die Flugtechnik sind sie ein falscher Weg, weil Wirklichkeitsversuche ohne große Schwierigkeit möglich sind und weniger kosten würden, als beispielsweise während des Kriegs allein für Modellversuche an vielen Stellen verausgabt wurde.

Ich habe schon vier Jahre vor dem Krieg an maßgebenden Orten die Großversuche nach drei Arten als möglich nachgewiesen:

1. Während des Flugs zu messen und Meßvorrichtungen hierfür auszubilden. Der Weg wurde betreten, jedoch durch Kleinversuche gehemmt.

2. Das Flugzeug zwecks Messung an einem wenigstens 20 m langen Dreharm aufzuhängen.

3. Über einer Lokomotive, hoch genug über dem Boden, das Flugzeug mit Meßvorrichtungen aufzubauen und während der Fahrt zu messen. Eine Schnellzugsmaschine und einige Kilometer Schienenstrecke genügen. Zwei Schnellbahnen mit möglicher Fahrgeschwindigkeit bis 200 km sind verfügbar und verrosten. Nichts ist geschehen. Die Deutsche Versuchsanstalt hat den Gedanken aufgegriffen, ist aber in der Ausführung steckengeblieben.

Auf diesen Wegen ließen sich die wesentlichsten Fragen der Widerstände und des Baus der Flugzeuge sicher beantworten durch zuverlässige Großversuche, ohne Ähnlichkeitstäuschungen.

Wenn technische Großversuche möglich sind, haben Ähnlichkeitsversuche keinen Sinn. Die Kosten der unmittelbaren Wirklichkeitserfassung sind immer geringer als die der Kleinversuche mit ihrem endlosen Schweif von Irrungen und Täuschungen. Die Ähnlichkeitstäuschung ist Schein, ist Bemäntelung eines grundfalschen Wegs; die Ähnlichkeitsmechanik ist Scheinwissenschaft, die mit entbehrlicher Arbeit, mit großen Worten und Berechnungen grundsätzlich Unrichtiges zu Lehrmeinungen und ,Grundsätzen' ausbauen will, dabei, wie alle Wahnwissenschaften, unduldsam auftritt mit ihren Methoden, die Selbstzweck sind und im großen irreführen.

Die groben Fehler in Wissenschaft und Leben werden selten wegen Unkenntnis begangen, sondern meist deshalb, weil Einzelerfahrungen falsch gedeutet und verallgemeinert werden, weil man sich in einen Ähnlichkeitswahn verrannt hat und nicht mehr umkehren will, aufgewendete Arbeit nicht als verfehlt verleugnen will. Die Ähnlichkeitsmechanik kann diesen verhängnisvollen Fehler mächtig fördern.

‚Historizistische‘ Wissenschaft.

Die Gutachter tadeln, daß eine neue Erfassung der Rollwiderstände aufgestellt wird, ohne auf den Arbeiten der Vorgänger weiterzubauen; sie verlangen geschichtliche Behandlung und weisen dem Neuen nach Gelehrtenart auch schon das richtige Schubfach an: ‚Theorie De la Hire-Leibniz-Löffler‘.

Es sei deshalb hier einiges gesagt über geschichtliche Würdigung in der Tatsachenwelt.

Geschichte ist das Gedächtnis der Völker und der Wissenschaften. Geschichtliche Erfassung des Geschehens ist daher da am Platze, wo die Vorgänge stark nachwirken auf eine lange Geschlechterfolge, die unter dem Zwange früheren Geschehens schaffen muß, wie im Völkerleben.

Selbst auf solchen Gebieten spricht jedoch gegen den Wert der Geschichtsbelehrung, daß die Völker, die Deutschen voran, bisher aus der Geschichte nichts gelernt haben, daß sich folgenschwere Geschehnisse unheimlich gleichartig wiederholen und die Völker ganz unvorbereitet treffen.

In der Welt der Tatsachen, in allen Erfahrungswissenschaften wird das Geschichtliche arg überschätzt, denn immer haben wir es nur mit einer Geschichte der Irrtümer zu tun, aus der wenig oder nichts zu lernen ist, weil die frühere Umwelt den Lebenden nicht bekannt ist.

Der Fortschritt soll lebendig wachsen; das wird nur erreicht, wenn das Neue nicht nach alten Gesichtspunkten gesucht und gewertet wird, wenn nicht auf den unrichtigen Pfeilern der Vorgänger weiterzubauen versucht wird. Das vorangegangene Falsche kann in der Technik den Blick des Vorstrebenden nur trüben. Kenntnis früherer Irrtümer hilft wenig oder nichts, weil die Irrtümer nicht in den bekannten Tatsachen und Wirkungen liegen, sondern in den früheren, meist unbekannten Leitgedanken verankert sind oder in falschen Meinungen, die als Lehrsätze zählebig noch lange nachwuchern. Wer Fortschritt schaffen will, muß frei blicken, muß neue Leitgedanken aufbauen und ihnen folgen.

Die Geschichtsforschung innerhalb der Naturwissenschaften ist meist nur ein unfruchtbares Sichten von ‚Prioritätsansprüchen‘. Der unzweifelhaft Erste wird doch nicht gefunden, sondern meist nur derjenige, der zuerst über das Neue geschrieben hat. Dann wird dabei viel mit den Augen der Gegenwart gelesen und aus späteren Erfahrungen in das Frühere hineingedeutet, was die Vorgänger wahrscheinlich nicht gedacht haben und vielleicht beim damaligen Stande der Erfahrung und der Mittel noch nicht denken konnten.

Unfruchtbar ist diese Forschung schon deshalb, weil im Erstverdienst meist die ‚Idee‘ entscheidet, diese aber unter Umständen wenig bedeutet, weil das Schwierige in der Durchführung, sei es der Versuche, sei es der Anwendung und Gestaltung, liegt. Was bedeutet z. B. in der Geschichte der Dampfmaschine die mehrtausendjährige ‚Idee‘ vom gespannten oder strömenden Dampf gegen seine Nutzung in unserer Zeit? Die Geschichte haftet zudem an leicht zugänglichen Äußerlichkeiten; das Wesentliche, eine Riesensumme allmählich wachsender Erfahrungen, kann sie nicht darstellen. Die ‚Idee‘, die in den Augen der Geschichtschreiber entscheidet, ist zudem nur Mittel zu dem Zwecke, einen ursächlichen Zusammenhang zu suchen.

Dazu kommt, daß die Geschichtschreiber die Vorgänger nicht kennen oder verkennen. Die haben oft richtig gedacht, haben aber nicht geschrieben, haben mit unvollkommnen Mitteln gearbeitet, in ungünstiger Umwelt, und nur deshalb haben sie versagt. So werden denn selbst in dieser ‚Geschichte‘ die Erfolge gewertet und nicht die leitenden Gedanken. Wer soll inmitten der jetzigen Welt nachträglich Ideen, Erstleistungen und Verdienste im Erfassen und Verwirklichen werten? Für die Tatsachenwelt ist die Geschichte erst recht ‚ein Kehrichtfaß und eine Rumpelkammer‘ (Goethe).

Geschichtswissen über frühere Irrtümer kann wenig helfen, wenn sie nicht ursächlich aufgeklärt werden. Das aber kann nur der Kenner der Wirklichkeit, nicht der sichtende Sammler. Nur dort, wo die Erkenntnis schon weit und tief ausgebaut ist, mag jeder Einzelfortschritt eng an den vorangegangenen angeschlossen werden.

Welche Wissenschaft sich der ältesten Geschichte rühmen kann, ist schwer zu sagen. Vielleicht ist es die Medizin. Und gerade ihre Geschichte ist von greulichen Irrtümern erfüllt, die immer in den Voraussetzungen liegen, in den Annahmen. Diese werden in den geschichtlichen Darstellungen wenig erkenntlich.

Der Fortschritt wird geschaffen durch neue ursacherklärende Voraussetzungen für Versuche und für Deutung der Erkenntnis. Die Geschichte kann solche grundlegenden Leitgedanken nicht liefern, nur die Erfahrung, die Wirklichkeit, die wissenschaftlichen Versuche, die ‚Rückkehr zur Natur‘, zur unendlich reichen, anregungsvollen. ‚Heraus aus dem wissenschaftlichen Beinhaus in den freien Garten des Lebens!‘ (Goethe).

Gelehrte mögen den Vorgängern nachgehen, nicht aber Forscher. Die sollen freien Blick behalten, ohne die Fesseln der vorangegangenen Irrtümer. Darauf kann eingewendet werden: Dann werden alte Erfahrungen oder Irrtümer nicht berücksichtigt! Im Gegenteil!

Wenn in den Wissenschaften der Tatsachen, in den Hunderten von Versuchsstätten nichts anderes geschähe, als daß frühere Versuche und Bestrebungen wiederholt und geprüft werden, dann wäre dem Fortschritt besser gedient als durch geschichtliche Berichte. Der Fortschritt wäre doch die sichere Nebenfrucht des Nachprüfens und würde auf viel festerem Boden ruhen als beim bloßen Suchen nach Neuem, bevor das Vorangegangene gesichert, als wirklich, als zuverlässig erprobt ist.

Denn jedes Wiederholen und Nachprüfen benutzt neue Mittel, bessere Einsicht und Erfahrung. Immer wird sich Neues ergeben. Das Prüfen des Vorangegangenen inmitten erhöhter Erfahrung wird immer fruchtbarer sein als das Weiterwälzen von geschichtlichen Einzelheiten. Das Wiederholen von Versuchen durch Erfahrene würde mehr Fortschritt schaffen als Preisaufgaben und Doktorarbeiten, die vor allem Neues wollen, um in den Prioritätskalender zu gelangen. Man muß ‚rein‘, ‚exakt‘ arbeiten und ‚geschichtliche‘ Wälzer schreiben, sonst bleibt die Anerkennung im gelehrten Kreise aus. Deshalb nagen Hunderte an denselben Knochen und bleiben unfruchtbar.

Der Schaffende, im Zwang der Wirklichkeit, gleichgültig, ob im Leben oder in der Forschung, wird viel besser neu aufbauen und dann erst feststellen, ob und wie andere das gleiche schon bearbeitet haben, statt sich von Anfang an ‚historizistisch‘

zu belasten und den Blick zu trüben. Das Kommende soll aus dem Vergangenen begriffen werden! Das ist wohl dem Erfahrenen möglich, nicht dem Anfänger, und in Erfahrungswissenschaften ist dies immer ein Umweg.

Geschichtliche Darstellungen, die großen Lehrwert hätten, fehlen: etwa eine Geschichte langlebiger Vorurteile, wiederholter Fehler, der Worttäuschungen, der Widersprüche zwischen Lehre und Leben, der Gefängnisse für den Menschengeist, eine Geschichte des Gelehrtenwahns von Aristoteles bis zu den Lebenden u. dgl. m.

Kriegsgebräuche.

Für alle, so da ‚sachlich‘ bekriegt werden, während die Person gemeint ist, weiß ich vortrefflichen Rat, den niemand befolgt:

Das Gehässige, das leitet, wirkt im persönlichen Sachkrieg je länger je toller, und der Kriegsschwang vergewaltigt selbst den gesunden Menschenverstand. Betrachte daher das seltsame Gebaren teilnehmend, jedoch so, als ob du unter besessene Mondbewohner geraten wärst, die dich doch nicht verstehen; meide jeden Ärger, überlaß ihn ganz den Besessenen, die Zeit wird das Tolle doch richten!

> ‚Ich bin nur noch ein Zuschauer auf Erden, bis eine zehnfache Vergeltung sich mir bietet. Sie wird schon kommen!‘ (Byron.)

Toll ist es, daß eine Lehrermehrheit einen angeblichen Wissenschaftsfehler eines Lehrgenossen sechs Jahre lang in ‚geifernder Lust‘ herumspricht, ohne den Wissenschaftssünder in ihrer Mitte jemals zu fragen und ohne selbst das Richtige anzugeben. Toll ist es, daß eine Ingenieuraufgabe nach Meinungen von Erfahrungslosen und durch Abstimmen entschieden wird, daß auf dem Boden eines gehässigen, erfahrungsfreien ‚Gutachtens‘ ein weitläufiges Wissenschaftsgericht aufgebaut wird, wieder ohne den ‚Bescholtenen‘ auch nur anzuhören. Nicht minder toll ist es, daß die Mehrheitswissenschaftler ihre Meinungen und Gehässigkeiten der Verwaltungsbehörde zutragen, die sicher in Wissenschaftsfragen nicht entscheiden kann. Nur um die ‚Sache‘ handelt es sich doch? Nur um die hehre Wissenschaft? Nicht etwa darum, die Person zu verdächtigen?

Toller noch ist es, daß die Verbandswissenschaftler trotz ihres selbstherrlichen Verfahrens sich wissenschaftlich so unsicher fühlen, daß sie von anderen Hochschulen Hilfe heischen, wieder von Erfahrungslosen, von ‚reinen Toren‘; daß sie, um ihre Mehrheitswissenschaft zu stärken, ihre einseitige Meinung der ganzen Hochschule aufdrängen, damit die Erwählten der Hochschule das seltsame Scherbengericht fortsetzen, über wissenschaftliche Auffassungen beraten und sie zu einer Mehrheitssache machen, nur um die schwarze Liste von Wissenschaftsschächern vermehren zu helfen.

Die unbedingte Gefolgschaft von Rektor und Senat in diesem ‚wissenschaftlichen‘ Feldzug haben die Mehrheitswissenschaftler in der Abteilung bereits vorweggenommen und auf deren Beschluß in einer Eingabe an den Minister angekündigt, daß der Senatseinspruch nebst ‚Gutachten‘ zweier Professoren ‚nachfolgen werde‘, womit erwiesen sei, daß der Angeklagte ‚nicht die für einen akademischen Lehrer erforderliche wissenschaftliche Eignung besitze‘. In Wirklichkeit hat der Senat keinen Beschluß gefaßt, außer dem selbstverständlichen, daß er über wissenschaftliche Meinungen nicht richten könne. Das Gehässige und Tolle wächst aber immer weiter, wenn es einmal rollt.

So hat denn die Abteilung schon beschlossen, auch die beiden Berichterstatter Kammerer und Riedler in Anklagezustand zu versetzen, bei der Behörde und bei den Hochschulen als Mitschuldige zu verschergen, weil sie seinerzeit die Habilitationsschrift Löfflers für ausreichend erklärt und dadurch das Vertrauen der Mehrheit verloren hätten; nun wurden sie aufgefordert, sich zu rechtfertigen, und zwar nicht zur Sache, sondern zum Kern und Mark des Kriegs: zu einer Schmähschrift, ‚Gutachten‘ genannt, die nicht einen eigenen Gedanken enthält, nur Nörgelei*). Also auch aufgefordert, den wissenschaftlichen Gerichtshof anzuerkennen, der nunmehr im höheren Geschäftsweg dieses ‚Gutachtens‘ wegen eingesetzt ist und über jahrzehntelange Amtsgenossen richten soll, deren Unfähigkeit anscheinend erst jetzt entdeckt worden ist, nachdem dieses ‚Gutachten‘ das ‚wissenschaftliche‘ Gewissen wach-

---

*) Dieses ‚Gutachten‘ ist vollständig abgedruckt in Löfflers Buch ‚Theorie und Wirklichkeit bei Triebwerken und Bremsen‘.

gerüttelt hat. All das ist dem Minister beschlußgemäß berichtet worden.

Gleichzeitig hat das Mitglied der Landesversammlung im Lehrkörper selbständig Verhandlungen mit der Unterrichtsverwaltung begonnen und an den Minister ein von der Mehrheit genehmigtes Schreiben gerichtet, worin ‚die schweren sachlichen Bedenken‘ gegen das unter Anklage und Mehrheitsurteil gestellte Buch wiederholt werden, und zwar mit genau denselben Worten wie in der erwähnten Schmähschrift, die Grundfeste und Angelpunkt der Mehrheitsoffensive bildet. Der Landesvertreter und mit ihm die Abstimmungsmehrheit will das Verdammungsurteil auch auf die durch das ‚Gutachten scharf mitgetroffenen‘ Berichter Kammerer und Riedler ausdehnen, für deren günstige Beurteilung des fraglichen Buchs es ‚nur drei Möglichkeiten‘ gebe:

> entweder: bewußte Täuschung der Abteilung (diese Möglichkeit schied ich von vornherein vollkommen aus) oder: grobe Pflichtverletzung, darin bestehend, daß die Herren das Buch gar nicht genau durchgearbeitet hätten, oder drittens: wissenschaftliche Unfähigkeit, trotz gründlichen Studiums die groben Fehler und Widersprüche zu finden.‘

Und weiter wird gesagt:

> im höchsten Grade auffällig sei es, daß weder Herr Riedler noch Herr Kammerer bis heute auf das nunmehr über acht Monate vorliegende Abteilungsgutachten sich irgendwie geäußert hätten.

Weitere Möglichkeiten haben die Abteilung und der Amtsgenosse und Landesvertreter nicht gesehen, etwa viertens: daß die Beurteiler wohl zu Beanstandendes gefunden, jedoch den Fortschrittswert des Neuen als ausreichend erachtet hätten, weil alle Wissenschaft nur des Fortschritts wegen zu betreiben ist, oder fünftens: daß sie manches gefunden, was wohl Unerfahrene und Einseitige als Verstoß gegen übliche, jedoch unrichtige Verfahren ansehen könnten, daß sie indes die neue Auffassung des Verfassers fördern wollen und in ihr einen wichtigen Fortschritt sehen, oder sechstens: daß die Beurteiler das Übliche als falsch und das Neue für richtig halten, an das sich endlich nach hundertjähriger schmählicher Vernachlässigung eine richtige Reibungserkenntnis anschließen werde.

Damit der Mitschuldige Kammerer der Behörde gegenüber von vornherein gekennzeichnet werde, wird ihr berichtet, daß er ‚in Fachkreisen schwer angegriffen‘ worden sei! (Wogegen die Unfruchtbaren, die weder schaffen noch forschen und nur nörgeln, allerdings gefeit sind.) Was angegriffen wurde, von wem, und wer recht hat, ist nicht gesagt. Es handelt sich ja nur um die ‚Sache‘! Von mir ist nur nebenbei gesagt, daß von mir keine Wissenschaftlichkeit zu erwarten sei.

Die Mehrheit hat auch der Anregung zugestimmt, daß der Landesvertreter die Angelegenheit in der Landesversammlung vorbringe, die sicher in der Zeit, die wir durchleben, nichts Wichtigeres zu tun hat, und hat sich damit einverstanden erklärt, daß ein von ihm verfaßter ‚scharfer‘ Zeitungsleitartikel: ‚Sozialistische Regierung und Diktatur in der Wissenschaft‘ dem Minister übersandt werde mit der Drohung, dieser Aufsatz werde veröffentlicht, wenn nicht der Wissenschaftsterror alsbald beseitigt werde.

Die ‚Diktatur in der Wissenschaft‘ ist nicht etwa die Gewaltherrschaft dieser Abstimmer, die nach Stimmenzahl entscheiden wollen, wie Reibung und Triebwerke wissenschaftlich zu erfassen sind, die den Neuerer vertreiben wollen trotz seiner aufopfernden Lehrtätigkeit und seiner ungewöhnlichen Erfolge in Lehre und Literatur; jener Abstimmer, welche nunmehr auch die an den Pranger stellen wollen, die den Schmähschriften die Gefolgschaft versagen; jener Wissenschaftshüter, die den Senat der Hochschule zwingen und andere Hochschulen veranlassen wollen, dem Gebote ihrer wissenschaftlichen Gewaltherrschaft zu folgen, weil jetzt Mehrheit alles ist.

Im Gegenteil, der ‚Diktator‘ soll ich sein! Entgegen dessen Meinung die Mehrheit seit fünfzehn Jahren ihre Beschlüsse faßt und dessen Einwendungen zuwider bedenkliche Studienpläne und Prüfungsordnungen eingeführt wurden, mit weitestgehender Zersplitterung, bis nunmehr der Zerfall als Werk der Mehrheit offensichtlich geworden ist.

Alle erwähnten Schreiben und Drohungen sind an den Minister gesandt worden, bevor die Angreifer Kenntnis hatten von der Denkschrift ‚Zerfall und Neubau der Hochschule‘, die ich im Auftrage der Unterrichtsverwaltung verfaßt habe, und die nun auch den Hochschulen übermittelt ist und zu dienstlicher und öffentlicher Erörterung der drängenden Hochschulfragen Anstoß geben wird.

Die Machenschaften der Wissenschaftshüter, die eine giftige ‚wissenschaftliche' Meinungsschlange immer dicker und länger züchten, zwingen zu dem einzig gangbaren Auswege, damit das Ungeheuer nicht Hochschulen, Regierung und gar das Land in dieser furchtbaren Zeit unfruchtbar beschäftige, dem Auswege zur fachlichen Öffentlichkeit.

Denn die wirklich Sachkundigen, die zu urteilen und zu entscheiden vermögen, sind die in Wissenschaft und schaffendem Leben Erfahrenen. Diese hören erstmalig von dem Meinungsstreit, der unter Verständigen ein fachlicher Meinungsaustausch ist, von persönlich Strebenden jedoch zu hochnotpeinlichen Gerichtsverfahren und zu Angebereien mißbraucht wird. Die fachliche Sache muß aus dem Dunkeln heraus, aus dem verrannten Winkel einseitigen, überhebenden Aburteilens, aus dem Schmutzwinkel heimlicher Verdächtigungen ins helle Licht der sachkundigen Öffentlichkeit. Erfahrene sollen urteilen, die verantwortlich und vorsichtig denken, die rechnen und zugleich verantwortlich schaffen, die am eigenen Leibe erfahren haben, wie rückständig die ‚Wissenschaft' ist, die von Wirklichkeitsblinden fern von den scharf fordernden Betrieben schulmäßig und einseitig aufgebaut wird, die Reibungserkenntnis ganz besonders. Die Zeit wirkt zwar allein, jedoch zu langsam aufklärend; das Trägheitsgesetz gilt für den ‚wissenschaftlichen' Geist nicht minder als für die Körper, und die Blinden und Blindwütigen stiften inzwischen zuviel Schaden und verwirren unerfahrene Köpfe.

In dem seltsamen Verfahren kommt leider ein häßlicher deutscher Grundzug zum Ausdruck: die ewige unduldsame Pennälerei!

Goethe hat die seelische Erklärung des stets gehässigen wissenschaftlichen Streites, wie es scheint, ewig gültig gekennzeichnet: Die Eiferer sehen in jedem Neuen ein Eigentum, jedoch auch im Überlieferten und Angelernten. ‚Taste aber einer das Eigentum an und der Mensch mit seinen Leidenschaften wird sogleich da sein! Kommt nun einer, der etwas Neues bringt, das mit unserem Credo, das wir seit

Jahren nachbeten und wiederum anderen überliefern,
in Widerspruch steht und es wohl gar zu stürzen droht, so regt
man alle Leidenschaften gegen ihn auf und sucht ihn
auf alle Weise zu unterdrücken. Man sträubt sich dagegen
wie man nur kann; man tut, als höre man nicht, als verstände
man nicht; man spricht darüber mit Geringschätzung, als wäre
es gar nicht der Mühe wert, es nur anzusehen und zu untersuchen: und so kann eine neue Wahrheit lange warten, bis sie
sich Bahn bricht.'

Die wahre Triebkraft muß nochmals beleuchtet werden,
die gehässige persönliche Absicht.

Allen, die den ‚Fall‘ prüfen oder richten wollten, war bekannt
oder mußte alsbald offenbar werden, daß die angegriffenen Buchstellen nur Anlaß waren zu einem Kesseltreiben, das nicht dem
Verfasser des Buchs, sondern mir galt. Auf den Sack schlägt
man, der Esel bin ich! Und meinetwegen ist unmenschlich gegen
Löffler gehetzt worden, mit dem offenkundigen und auch von
Anfang an deutlich ausgesprochenen Ziel, ihn von der Hochschule zu vertreiben, an anderen unmöglich zu machen, seine
Lehrtätigkeit und sein wissenschaftliches Dasein jetzt und
künftig zu vernichten. Das Verfahren wurde so eingeleitet und
durchgeführt, daß er ohne jede Möglichkeit einer Aussprache
niedergeworfen, beschimpft, vor Hochschulen und Behörden ge-
zerrt und zwischen Wissenschaftsmeinungen erdrückt werden
sollte. Absichten und Wirkungen sind offensichtlich, menschlicher Anstand war nicht leitend. Dabei ist den Verfolgern die
verfolgte Person ganz gleichgültig, nur mich wollen sie treffen.

Daß ich für den Bekriegten eintreten würde, mußten die
Feindseligen erwarten. Dienstliche Aussprache war unmöglich;
die Abteilung hat stets nach Verabredung beschlossen, ich
wurde in wenigen Minuten niedergestimmt. Seltene, Säumige,
selbst Beurlaubte waren stracks zur Stelle, wenn es galt gegen
den Verfemten vorzugehen, und alle, mit einer rühmlichen Ausnahme, stimmten stets für die Verfolgung.

Mir obliegt die sittliche Pflicht, in der allein zuständigen
fachlichen Öffentlichkeit gegen dieses schimpfliche Vergewaltigen
aufzutreten, nachdem das Gewaltverfahren Verständigung unmöglich gemacht hat. Dieser Pflicht entspreche ich öffentlich
in der vollen Gewißheit, daß der Angegriffene, wie ich selbst,

jeden erwiesenen Fehler rückhaltlos zugeben wird, jedoch nicht gegenüber bloßen Behauptungen, sondern nur, wenn die Richter endlich das ‚Richtige‘ angeben, die ‚Wahrheit‘ über Reiben, Wälzen und Treiben.

Das bisher geübte Richtverfahren ist sachlich und allgemein tief schädigend; es ist unzulässig, wissenschaftliche Streitfragen durch Mehrheitsmeinung zu entscheiden und das ‚Urteil‘ auf einseitig gewählte ‚Gutachter‘ zu stützen! Das ist jeder Wissenschaft wurzelschädlich.

Trotz alles Lärmens der Angreifer und ihrer Gehässigkeiten handelt es sich nur um sachliche Meinungen über Reibungswertung, über Erfahrungen, über Grenzen, die die Theoretiker bisher gemieden oder nicht beachtet haben — gerade deshalb sind sie mit ihren Lehrsätzen in offensichtliche schwere Widersprüche mit der Erfahrung geraten. Gar nichts Persönliches ist zu entscheiden; auch über Lehrsätze ist nicht abzuurteilen, sondern nur über Annahmen und Erfahrungswertungen, sowie über Grenzen der bisherigen Einsicht und über Betriebsaufgaben, untrennbar verbunden mit schwierigen ungelösten Aufgaben der Ingenieure. Wer als Verantwortlicher nicht tätig war und nicht erfahren ist, rate lieber nicht mit, meide wenigstens das ‚Entscheiden‘, das Aburteilen über Meinungen und Fragen, die nicht gelöst sind, trotz der endlosen Erfahrungen, von denen viele in die Schullehrsätze nicht hineinpassen, weil diese nur Lehrmeinungen sind.

Gutachten können im günstigsten Fall, wenn sie unbeeinflußt und sachlich sicher gegründet sind, wieder nur eigene Meinungen sein über ungelöste Fragen, und ihr Wert wird nicht erhöht, wenn eine Mehrheit die Meinung teilt. Urteilen ist erst möglich, wenn durch planmäßige Großversuche neue wissenschaftliche Einsicht geschaffen ist, und auch dann nur durch Erfahrene. Nur reine Toren, persönlich Strebende oder Anmaßende mögen glauben, die eigenen Meinungen und Annahmen genügten für ein Richteramt.

‚Freiheit der Wissenschaft‘ ist Grundlage aller Hochschulen, Grundgesetz aller Kulturstaaten, selbst jetzt, wo sie unter Mehrheitsherrschaft neu aufgebaut werden. Richterei würde den Zusatz bedeuten: Was Wissenschaft ist, bestimmt die Mehrheit!

Lehrfreiheit ist das Heiligtum der Hochschulen. Sie müßte im Sinne der Beschlußwissenschaftler beschränkt werden durch den Zusatz: Sie gilt nur für mehrheitlich anerkannte Wissenschaften! Etwa wie in Theologie, Rechtswesen, Verwaltung und leider auch in Volkswirtschaft nur das zugelassen wurde, was der herrschenden Staatsauffassung diente. Jedes Fortschrittsstreben wäre aufgehoben, das immer vom Zweifel am Bekannten und Herrschenden ausgehen muß.

Das Verfahren der wissenschaftlichen Aburteilung und der persönlichen meuchlerischen Hinrichtung verstößt auch gegen den dienstlichen Anstand.

Eiferwütig sind die Verfolger vorgegangen, heimlich und verbissen von Anfang an und rücksichtslos, als der Minister Auskunft verlangte, nicht gehässige natürlich. Von da ab ist das ‚vernichtende‘ Verurteilen und das giftige Herumsprechen erst recht aufgeblüht. Was anscheinend Krankhafte ausgeheckt, das haben offensichtlich sehr Gesunde wahllos durchgeführt; immer vermummt mit dem Vorwande der zu rächenden Todsünde wider einen Lehrsatz und wider die ‚Logik‘, ohne zu sagen, welche Tugend der richtige Gegenwert sei, ihre Angriffe immer gegen Löffler richtend, während ich gemeint war, und immer mit dem Ziele: der Mann muß vernichtet werden!

Jetzt wird die Mär verbreitet, der Kampf sei nur deshalb so erbittert, weil der Beschuldigte entgegen der Abteilungsmeinung zum Honorarprofessor ernannt worden sei. Das sollte zwar an der Wahl der Kampfmittel nichts ändern, ist aber auch nicht wahr; denn der rücksichtsloseste Kampf war schon vorher in vollem Zug, in der Absicht, den Andersmeinenden zu verjagen, angeblich wegen seiner Auffassung des Rollwiderstandes. Schon vorher ist seine Bitte, ihn im einzelnen sachlich anzugreifen, damit er sich rechtfertigen könne, nicht entsprochen und es ist ihm zugerufen worden: er stehe zur Prüfung, nicht andere! Die sachlichen Begründungen stehen heute noch aus.

Die Senatsgutachten sind dem ‚Bescholtenen‘ auf mein wiederholtes Betreiben erst jetzt zugestellt worden, den Angreifern jedoch und der Abteilung waren sie schon lange vorher bekannt, und in ‚vernichtenden‘ gehässigen Auszügen wurden sie verbreitet und dem Minister berichtet, wieder hinterrücks, so daß der Beschuldigte und von den Gutachtern Gerichtete sich nicht wehren und auch nicht wissen konnte, an wen die Schuldsprüche verteilt wurden.

Ein ‚vernichtendes Urteil‘ eines Professors wurde schon im vorigen Juli herumgesprochen; als ich dem Ursprung nachging, erfuhr ich von dem Urheber, er habe nur zwei Seiten des Buchs gelesen und nur ein ‚vorläufiges Urteil‘ ausgesprochen; gleichwohl wurde dieses von der Abteilung verbreitet und dem Minister berichtet. Ich habe diesen Ankläger schon damals um eine Aussprache mit dem Beschuldigten gebeten, sie kam jedoch erst im November zustande.

Kennzeichnend für diese Art des Kampfes ist folgender Vorgang:

An der Hochschule und außerhalb wurde verbreitet, ein hervorragender Statiker habe das Buch ebenfalls ‚vernichtend‘ beurteilt, und auch der Behörde wurde dies berichtet. Eine Anfrage bei dem angeblichen Beurteiler ergab, daß er das Buch nicht kenne und sich darüber nicht geäußert habe; das teilte er auch schriftlich der Abteilung mit, in deren Sitzungen jedoch nichts von diesem Zwischenfall erwähnt wurde.

Gesinnung und Gebarung waren daher lange vor der Ernennung Löfflers eindeutig feindlich gerichtet, und erst nachträglich wurde die ‚stärkste Erregung‘ an den Hochschulen geschürt, wurde behauptet, den Minister habe ‚die Form verletzt‘. Solche Form ist gar nicht vorgeschrieben, und leider wurde eine längst arbeitsunfähig gewordene Abteilung befragt, von der nichts anderes als Verwirrung zu erwarten war. Hinter dem falschen Schild der verletzten Form wird nun versucht, den Senat und andere Hochschulen vorzuspannen, der Senatsbeschluß, der noch gar nicht gefaßt war, wurde vorweggenommen und ausgeschlachtet.

Mittelalterlich ist solches Gerichtsverfahren, weil es nicht den Anklägern die Pflicht zuschiebt, ihre Anklage zu beweisen, sondern von dem Beklagten verlangt, sich reinzuwaschen; und schlimmer noch: ihm wurde überhaupt nicht Gelegenheit gegeben, sich zu den Anklagen zu äußern. In jener finsteren Zeit wurden die ärgsten Verbrecher doch wenigstens angehört, und Ebenbürtige konnten den Hergang vorteilhaft abkürzen durch den Ruf: Das lügst du!, worauf denn sofort losgedroschen wurde. Die Gründe, der Schwertesschneide anvertraut, waren

nicht schlechter als die, mit denen einseitige ‚Gutachter‘ fechten.
Und das mittelalterliche Verfahren war auch lange nicht so
arg wie das hier vor sich gehende Scherbengericht, in dem
das Urteil gesprochen wird, noch bevor überhaupt das Ver-
hör begonnen hat, während in besseren Kulturstaaten seit
vielen Jahrhunderten doch ungefähr das Umgekehrte selbstverständliche Regel ist.

So bleibt denn inmitten dieses schier endlosen hochnotpeinlichen Verfahrens nichts übrig, als die Sache öffentlich zu kennzeichnen und sich zunächst mit denjenigen zu befassen, die sich
schriftlich geäußert haben.

Eine vielköpfige Mehrheit hat so gehandelt, und Daneben-
stehende haben eifrig mitgetan. Unbeteiligte mögen feststellen,
welche Gesinnungen am Werke gewesen sind, und ob darunter
nicht vielleicht solche waren, die uns Deutschen den Haß der
ganzen Welt eingetragen haben.

Doch dämmert wenigstens in der Sache ein Hoffnungs-
schimmer auf; verheißungsvoll eröffnet sich die Aussicht, aus
allen Wissenschaftszweifeln herauszukommen!

Beginn und Kern des heftigen Streites sind ja allein die
Gleichgewichtsgleichungen des Rolltriebs, auch des vieltausend-
jährigen Wagenrades. Die Angreifer haben bisher nur über
Rechnungsverfahren geredet und ihr Grundwissen von der Sache
hartnäckig verschwiegen, aber sie besitzen es doch unfehlbar,
sonst würden sie nicht so hohenpriesterlich verdammend auftreten.

Sie werden sich nunmehr zusammenfinden. Vier Gutachter
sind meinungseinig, jeder kennt sicher die wahren Gleichungen
und Kräftebilder, und sie werden nicht säumen, sie anzugeben;
sie werden sich zusammenschließen zu Gemeinarbeit, die ja die
‚Forderung der Stunde‘ ist, und werden ‚voll und ganz‘ und klipp
und klar das wahre Kräftespiel lehrsatzrichtig der reibungs-
getäuschten Fachwelt offenbaren. Sie werden dann sicherlich
auch ein Buch darüber schreiben, das endlich das Wesen der
Triebwerke und Bremsen gründlichst aufklärt, und werden in
ihrer Kundgebung unentwegt zur vollen Erkenntnis der Reibungswirkungen vordringen, zum Heile der Wissenschaft und
der Technik!

IV. Hochschulwerden.

Das Werden der Technischen Hochschule und die Wirren und Mängel ihrer Lehre darzustellen würde erfordern, ihre Geschichte zu schreiben, die bisher nur äußerlich bekannt ist. Solches Ziel liegt außerhalb des Rahmens dieser Schrift und ist einer späteren umfassenden Arbeit vorbehalten, die auch die treibenden und hemmenden Kräfte werten muß, sonst erfaßt sie nicht das Lebendige. Werden und Aufsteigen ist führenden, schaffenden Personen und fördernden Umständen zu verdanken. Niedergang hingegen kann das Werk von Personen allein sein.

Hier sollen nur einige fördernde und hemmende Einflüsse gekennzeichnet werden, sowie einige Gegensätze, werktätige und widerstehende Kräfte und wesentliche Zusammenhänge mit den im vorangegangenen dargestellten Wissenschaftsirrungen. Hierzu genügt eine Auswahl unter den Geschehnissen, an denen ich unmittelbar beteiligt war, gleichfalls unter Vorbehalt späterer vollständigerer Darlegung der sachlichen wie der persönlichen Verhältnisse.

Wegen des engen Rahmens ist nur auf die Abteilung für Maschineningenieurwesen der Berliner Hochschule Bezug genommen.

Die Berechtigung auch zu persönlichen Äußerungen und Urteilen entnehme ich der Tatsache, daß mein Wirken in diesem Belang in weiten Kreisen weit überschätzt und falsch gedeutet wird und doch einmal richtigzustellen ist. Hierbei ist sowohl böswilliges Gerede abzuweisen wie auch ein sonst vorteilhafter Schein von Legenden zu zerstören. Und amtliche Vorgänge sind zu berühren, soweit sie öffentlich wirksam und bekannt wurden oder schon der Geschichte angehören. Innere Vorgänge konnten nur im vorangegangenen Kleinfall berührt werden, wo persönlich gehässiges Wirken sich hinter dienstlicher Form verbirgt, wo endlich die Triebkräfte aufgedeckt werden mußten, weil gleiche üble Kräfte auch im Hochschulwerden tätig sind. Das Kleinbild gestattet Rückschlüsse auf den großen Fall der Hochschulentwicklung. Das Geschehen ist nur selten

Zufall, meist ist es notwendige Folge des herrschenden Geistes einer Mehrheit. Die Wertung wichtiger Ereignisse im Werden der Hochschule ermöglicht es, als Nebenertrag, den herrschenden und schädigenden Geist im Großen wie im Kleinen zu erkennen.

Vorstufe.

In den achtziger Jahren hat Wehrenpfennig als Abgeordneter angeregt, die beiden technischen Akademien für Bau und Gewerbe zur Technischen Hochschule zu vereinigen und hat dann als leitender Beamter der Unterrichtsverwaltung das Zusammenlegen durchgeführt, ohne die Teile innerlich zu verändern, denn zu dieser Zeit war die technische Wissenschaft noch eng begrenzt und wenig gewürdigt. Die Teile blieben einander gegenüber Fremdkörper, die Architektur ganz, die Chemie mit ihrem Ausblick auf die Universität zum Teil, während Bauwesen und Schiffbau ganz durch den Staatsbaudienst gebunden, das Maschinenwesen hingegen noch unentwickelt war und nicht als gleichwertig galt. Damals konnte an einen inneren Ausbau der zusammengelegten Akademien zu einer wirklichen Hochschule nicht gedacht werden.

Außerdem fehlte eine wirksame akademische Umfassung, denn das Lehr- und Prüfungswesen und damit auch der Studienabschluß wurden von der Bauverwaltung bestimmt. Diese hat das Recht und die Pflicht, die Ausbildung vorzuschreiben, die ihrem Betriebe taugt, der jedoch — wie die Verwaltung — streng getrennt ist in Hochbau, Tiefbau, Eisenbahnbau, Wasserbau, Maschinenbetrieb usw. Selbst Eisenbahnbetrieb ist nicht vereinigt, nur der Wasserbau umfaßt große technische Gebiete und Zusammenhänge.

Die neue Hochschule war daher unvermeidlich von Anfang an zerfallen, war nur ein Nebeneinander verschiedener Fachteile und konnte aus diesem Urzerfall nur herauskommen, wenn die Bauverwaltung ihre Vorherrschaft aufgeben und ihre Bildungsvorschriften von den übrigen Hochschulzielen abtrennen konnte. Dies wäre durch Verhandlungen zwischen den Verwaltungen oder auf Anregung der neuen Hochschule nie erreicht worden und konnte vor dem Wandel, durch den Kaiser an der Jahrhundertwende herbeigeführt, als aussichtslos nicht angestrebt werden. Die Bauverwaltung hat selbstverständlich am Bestehenden, an der eingelebten bevorrechteten Überlieferung festgehalten, ja den Ingenieuren selbst schien es regelrecht, daß die besonderen Forderungen des Staatsdienstes auch die allgemeinen für die Hochschule wären. Und selbstverständlich wirkte das Machtstreben mit, daß das Alte, Angesehene weiter herrsche. Die zusammengelegten Teile waren zudem nicht einig; sind doch innerhalb der gemeinsamen Hochschule die ‚Maschinenbauer‘ z. B. von den Bauingenieuren, den Wasserbauern insbesondere, nur als ‚bessere Schlosser‘ angesehen worden, und selbst jetzt noch ist es so, wenn auch vorsichtshalber etwas andere Worte gebraucht werden.

Wegen dieses einseitigen Aufbaus konnten die Studierenden nicht den wertlosen akademischen Abschluß erstreben, sondern nur die für besondere Staatsbauzwecke verlangten Prüfungen und die durch sie gewährten Titel. Nur der staatlichen Titel wegen legten viele die Bauführerprüfung ab und wendeten Jahre auf, um den Titel Regierungsbaumeister zu erlangen, ohne Absicht, je sich dem Staatsdienste zuzuwenden. So gelangten die Geprüften nur wegen des gewollten Titels erst im reifen Alter in andere als staatsbautechnische Tätigkeit, mit großen Ansprüchen und verfehlter Bildung für schaffende Tätigkeit.

Die Folgen im Hochschulbereich 'waren: einseitiges Lernen nur für diese Fachprüfung, einseitige Bildungs- und Denkrichtung, auf vermeintliches ‚Ansehen‘ gerichtet und auf ‚Vorrechte‘, statt auf verantwortliches Schaffen, Verlust von wenigstens drei Jahren in der staatlichen Richtung, die nur für einen verschwindenden Teil der Studierenden die künftige Fachrichtung war, im Maschinenwesen für weniger als 1 v. H. Allgemeinbildung im Bereiche dieser Technik gab es nicht.

Die für den Unterricht wichtigen Hilfskräfte konnten nur dieser Richtung entnommen werden, ‚Regierungsbaumeister‘, ohne Erfahrung im Staatsbetriebe, bar jeder Erfahrung im schaffenden Leben. Ich wurde im ganzen Staatsbereich geächtet, als ich sagte: Sie waren bei keiner ‚Regierung‘, können nicht bauen und sind vor allem keine Meister.

Die Hochschullehre war beherrscht durch Reuleaux, durch seine geistreiche allgemeine Erfassung der Maschinen und der Kinematik, die jedoch jede Wirklichkeit ausschloß und Bau und

Betrieb der Maschinen und ihrer Teile als ‚Fabrikangelegenheit‘ abwies.

Neben diesem herrschenden Geiste gab es nur noch nebensächlichen, jedoch sehr weitläufigen Unterricht, im ‚Zeichnen‘, im Beschreiben der Technik; eine erfahrungslose ‚Technologie‘ wurde geboten und eine höchst umständliche ‚systematische‘ Darstellung der Maschinen. Als ich mich entscheiden mußte, welche Lehrgebiete ich übernehmen sollte und diese ‚systematischen‘ Lehrmittel besah, hatte ich keinerlei Ahnung, was damit gemeint sei, so wirklichkeitsfern waren diese Lehrmittel.

Einige Fachvorlesungen konnten an diesem wirklichkeitswidrigen Kunstbau nichts Wesentliches ändern. Die Übungen waren ganz eigenwillig geordnet und unfruchtbar, waren mehr Übungen in einem seltsamen Schönzeichnen wirklichkeitswidriger Gebilde als Anleitung zum Gestalten.

Der grundlegende Unterricht in Mechanik und Physik war ganz mangelhaft. Mechanik wurde als Mathematik eines Teils der Bewegungslehre gelesen, als Anfang einer Himmelsmechanik, und daneben bestanden mehrere Einpaukvorlesungen. Physik war nur Fortsetzung oder Wiederholung engster Schulphysik. Übungen gab es in keinem der grundlegenden Fächer. Slaby hat Maschinentheorie sehr anregend gelehrt, jedoch erfahrungslos und ohne Zusammenhang mit der Gestaltung; er hat dann diesen Unterricht später aufgegeben und sich der aufstrebenden Elektrotechnik zugewendet. Er allein hat Studierende durch einen richtungweisenden anregenden Vortrag dauernd angezogen. Elektrotechnik wurde noch nicht gelehrt.

Die Lehre war daher bis Ende der neunziger Jahre beschränkt auf ‚ordnende Wissenschaft‘ im Sinne der im ersten Abschnitt dieser Schrift gegebenen Wertung der verschiedenen Wissenschaftsverfahren. Die maßgebende Lehre bewegte sich im engsten Kreise eines einseitig, wenn auch allgemein gedeuteten Maschinenwesens, war voraussetzungslos, ganz wirklichkeitswidrig, war weder ‚exakt‘ noch rechnend; technisches Denken und Rechnen wurden nicht gepflegt, die vielfachen Bedingungen der Wirklichkeit wurden absichtlich oder geringschätzend ausgeschieden.

Wissenschaftliche Versuche gab es nicht. Als ich ihre Notwendigkeit begründete, erwiderte Reuleaux bezeichnenderweise: ‚Wenn die Studierenden einmal an Versuchen sehen, daß die ‚Praxis‘ mit den gelehrten Grundsätzen nicht übereinstimmt, dann glauben sie überhaupt nichts mehr und jede Lehre hört auf!‘ Rücksichten auf Betrieb und Wirtschaft waren überhaupt unbekannt. Die herrschende Lehre erforderte von denen, die sich verantwortungsvollem Schaffen zuwendeten, mühsames Umlernen, um der Wirklichkeit und ihren Bedingungen überhaupt erst näher zu kommen.

Reuleaux gebührt das sehr große, zu wenig gewürdigte Verdienst, durch seine geistvolle, umfassende philosophische Darstellung der Maschinen und der Technik erstmalig in weiten Kreisen, insbesondere auch wissenschaftlichen, Verständnis für die Technik verbreitet und die Bedeutung der wissenschaftlichen Technik verkündet zu haben.

Seine Lehre jedoch umfaßte auch den Kern des Maschinenbaus und war hierfür irreführend, weil auf wirklichkeitswidrigen, unzulässigen Annahmen und Verallgemeinerungen aufgebaut, und verlor sich in Betrachtungen, fern vom zwingenden Zweck. Sogar seine Zwanglauflehre behandelte nur die Bewegung der Teile, ohne Rücksicht auf Masse und Widerstand, und ihr Schöpfer glaubte, ihr Ausbau nach unten zur Geometrie und nach oben zur Wirklichkeit der Getriebe verderbe sein Gebäude.

1888 erhielt ich die Berufung an die Berliner Hochschule und konnte mich schwer entschließen ihr zu folgen, weil mir die ungünstigen Verhältnisse bekannt waren, und weil kein Erfolg ohne tiefe Umgestaltungen möglich schien; das war auch amtlich erkannt, jedoch konnten die erforderlichen Mittel nicht in Aussicht gestellt werden, so daß mir mühevolle, zeitfressende Kämpfe sicher waren, nicht aber der Erfolg einer neuen Lehre, die durchführen zu wollen die Verwaltung nur mir gegenüber und nicht öffentlich bekundet hat.

Ich mußte mich deshalb auf ein enges Feld beschränken und konnte nur neben dem vorhandenen sonderbaren Unterricht im Zeichnen eine ‚Einleitung in den Maschinenbau‘ einrichten, die Grundzüge der Festigkeitslehre, der Dynamik und der Formgebung der wichtigsten Maschinenteile umfassend, mußte diese ins erste Studienjahr schieben und im letzten Jahre Dampfmaschinenbau lehren, ohne Zusammenhang mit den übrigen Lehrgebieten.

Der innere Betrieb der Abteilung für Maschineningenieurwesen war unhaltbar, weil die Vertreter der wirklichkeitswidrigen
Lehre sich sofort gegen mich zusammenschlossen, und weil die
der Abteilung angehängte ‚Sektion für Schiffbau‘ ihre Sachen
zwar allein erledigte, jedoch in allen Angelegenheiten mitentschied,
und zwar stets gegen mich.

Die Finanzverwaltung bewilligte nur ärmliche Mittel.
Um das Notwendigste mußte erst mühsam gekämpft werden,
sogar um brauchbare Kreide und um Schreibtafeln, die in großen
Sälen für viele hundert Studierende wenig über einen Quadratmeter Fläche hatten.   Alle Lehrbehelfe mußten erst mühselig
und stets mit unzureichenden Mitteln geschaffen werden. Das
jetzige Geschlecht hat keine Vorstellung von den armseligen Zuständen, unter denen damals gearbeitet werden mußte.

Wehrenpfennig bemühte sich nach Möglichkeit, konnte
jedoch keine Mittel, insbesondere keine für Hilfskräfte schaffen.
Sein Einfluß in wichtigen Fragen wurde in den neunziger Jahren
immer mehr durch Althoff verringert, der allein entschied.

Schon während der kleinlichen Kämpfe um unerläßliche Mittel
wurde begonnen, technische Lehrgebiete abzutrennen, an die
Universität, nach Göttingen, zu ziehen, zunächst in der Form,
dort Maschinenversuche einzurichten, die als ‚Makrophysik‘
angeblich der ‚besseren Ausbildung der Lehrer für Naturwissenschaften‘ dienen sollten, während der wahre Zweck bald ausgesprochen wurde, nämlich: ‚die Generalstabsoffiziere der Technik an den Universitäten auszubilden‘ und den ‚wissenschaftlich gebildeten Techniker durch den Dr. phil. zu kennzeichnen‘.
Wesentliches sollte den Hochschulen abgenommen werden, nur
die gewerbliche Ausbildung der Truppenleute, nur die mühevolle Massenarbeit sollte ihnen verbleiben.

Wehrenpfennig hat dieses trennende Streben abgewiesen,
Althoff hat es gefördert. Auch die Schatzverwaltung hat sich
den Göttinger Wünschen willfähriger gezeigt als der Not der
Technischen Hochschule, und sogar die Industrie hat für Göt-
tingen reiche Mittel hergegeben, was im Bereich der Technischen
Hochschule nie vorgekommen ist. — Solche Umstände erklären
herrschende hemmende Gesinnungen und das unendlich
Schwierige des ersten Anstiegs.

Erster Anstieg.

Bis zu Anfang der neunziger Jahre hat sich die Industrie gewaltig ausgedehnt und hat angefangen, sich auch zu vertiefen. Die Hochschule mußte ihre Lehre umgestalten, um nur folgen zu können. Das Ziel war gegeben: Die wissenschaftliche Lehre mußte die Grundlagen richtig erfassen und vertieft behandeln, und die Lehre mußte mit einem wirksamen Gestaltungsunterricht vereinigt werden, mußte auf wissenschaftliche Einsicht und Anwendung ausgehen und sich auf Erfahrung und auf wissenschaftliche Versuche stützen.

Wissenschaftliche Einsicht konnte durch eine klare Lehre erreicht werden, befreit von Einseitigkeit, verständlich und anwendungsfähig zusammengefaßt, und richtiger Zusammenhang mit dem Gestalten mußte hergestellt werden. Einsicht und Vertiefung waren noch beschränkt, waren ebenso wie die Erfahrung Sache des Lehrers. Bücher und Zeitschriften boten damals wenig Brauchbares und nichts wissenschaftlich Zuverlässiges.

Wissenschaftliche Versuche fehlten und erforderten Vorrichtungen, deren Kosten das Schatzamt nicht bewilligte; es wollte sogar ein kleines ‚Maschinenlaboratorium‘ verweigern, weil an der Hochschule ‚doch schon drei chemische Laboratorien‘ vorhanden seien. Dann mußte die Vorstellung bekämpft werden, als ob an der Hochschule als Versuchstätten für Maschinenwesen ‚ganze Fabriken‘ zu errichten wären. Schließlich wurde eine kleine Anlage für den Hausbetrieb genehmigt, weil ich einige Hauptmaschinen hierfür schenkte und es damals möglich schien, Kraft und Licht billiger im eigenen Betriebe herzustellen, als von auswärts zu beziehen.

Wehrenpfennig hat sich stets kräftig bemüht, war immer rückgratstark in jeder Sache, die er als richtig und notwendig erkannte. Er verzichtete auf das übliche viele Herumfragen bei den vielen zufällig kommenden oder sich herandrängenden Ratgebern, die im besten Fall nur eine niedrige Durchschnittsmeinung hereinbringen; er vertraute der als richtig erkannten Sache und den Personen, die sie durchführten, und setzte seine starke Persönlichkeit offen und dauernd für das Neue ein, ist zuver lässig bei der Sache geblieben und hat ihr dadurch in schwerster Zeit mächtig geholfen.

Was die Industrie damals forderte, konnte durch eine einigermaßen wirklichkeitsgemäße Lehre erfüllt werden, durch klares Erfassen der Grundlagen und durch einen planmäßigen Gestaltungsunterricht; sie verlangte damals noch nicht einseitig geschulte Teilarbeiter, begnügte sich mit allgemeiner Schulung ohne Sonderansprüche auf sofortige ‚Brauchbarkeit‘ des Nachwuchses in Sonderarbeit.

Der Aufschwung der Industrie brachte großen Andrang von Studierenden. Die Überfüllung folgte und brachte leider schwere Schäden. Der Maschinenbau allein hat mehr Studierende angezogen — über 2000 — als wofür die ganze Hochschule gebaut war (1500). Vieles blieb schon deshalb mangelhaft, und alles mußte weit hinter dem Notwendigen und Gewollten zurückbleiben.

Schon der von mir allein eingeleitete Unterricht hat erreicht, daß die Lernenden eine gute Übersicht erlangten über die Grundlagen und endlich auch einen Ausblick auf den Zusammenhang der fachlichen und wirtschaftlichen Fragen, der sie zu selbständigem Weiterdenken anregte. Der vorher herrschende Unterricht ging bald zurück und konnte sich nur noch kümmerlich durch die Gepflogenheiten der Staatsbauprüfung erhalten.

Der Erfolg kostete viel Kampf, einen siebenjährigen Krieg. Schließlich trat Reuleaux zurück, noch eine weitere Lehrstelle wurde frei, zwei neue wurden endlich geschaffen, und nun konnten vier neue Lehrkräfte gleichzeitig berufen werden. Ein seltener Fall. Ich habe die wenigen damals an anderen Hochschulen erfolgreich wirkenden Lehrer zur Berufung nach Berlin vorgeschlagen, sie haben jedoch abgelehnt. Darauf wurden vier jüngere Kräfte, die im schaffenden Leben tätig waren, berufen und brachten rasch Erfolg durch Gemeinarbeit, die eine freiwillige war, nicht von persönlichen, sondern sachlichen Gesichtspunkten geleitet, durch das gemeinsam gewollte Lehrziel und durch den Willen und die Fähigkeit, alle Kraft und Erfahrung ganz der Sache zu widmen.

Allein konnte ich die neue wirklichkeitsgerechte Lehre nur einleiten, nunmehr konnte sie wirksam durchgeführt werden.

Ich habe jedoch den Hauptteil meines Lehrgebiets schon damals ganz den neuen Lehrkräften überlassen und mich auf damals unbedeutend scheinende Gebiete zurückgezogen.

Die neue Lehre, solange sie einheitlich wirkte und sich nicht in Sonderlehren verlor, hat großen Erfolg gebracht, und ihr und den neuen Lehrern ist der Anstieg zu danken. Die Leistungen wurden hoch anerkannt, besonders in der Industrie, die in Anzeigen ausdrücklich ‚Charlottenburger Hochschüler‘ verlangte. Zahlreiche Schüler, darunter viele frühere Assistenten, wurden ohne Zwischenstellung in leitende Stellen der Industrie und auf Lehrstühle berufen und haben den gewaltigen Fortschritt mit geschaffen.

Die Ursachen dieses Lehrerfolgs sind wieder in den eingangs dieser Schrift erwähnten Grundsätzen zu suchen: Die Lehre war stets richtig voraussetzungsvoll, der Wirklichkeit möglichst entsprechend, soweit sie damals erkannt war. Wissenschaftliche Versuche wurden in die Lehre einbezogen trotz der unzureichenden Mittel; die ‚exakte‘ und rechnende Ergründung wurde stets auf die Anwendung gewiesen und berichtigt, vor allem wurde technisches Denken und Rechnen gepflegt, das alle wesentlichen Bedingungen zu werten sucht, und die Abhängigkeit von der Wirklichkeit wurde stets beachtet, den Studierenden das spätere Umlernen fürs Leben erleichtert. Die bloß ordnende, nur beschreibende Lehre wurde zurückgedrängt, das Ordnen wurde in die Sache selbst verlegt, die Wirkung der Gestaltungen im Betriebe und der Zweck der Technik wurde gewiesen, statt eine willkürliche Sammelfolge aufzuzeigen.

Ich habe schon vorher versucht, ein höheres Ziel, höhere Leistung zu ermöglichen auf verschiedenen Wegen:

Das Grundwissen sollte vertieft gelehrt werden, nicht bloß die Anfangsgründe, die mitzubringen wären; es sollte gedrängt gelehrt werden im ersten Jahr, dafür aber auf die ganze Studienzeit ausgedehnt werden, wobei wirklich ‚höhere‘ Lehre geboten werden sollte. Und Allgemeinbildung sollte vermittelt werden, die ganz fehlte.

Voller Mißerfolg auf beiden Wegen war die Folge, es sind nur einige Besprechungen zustande gekommen, die Hochschullehrer selbst haben widersprochen. An Mitteln hätte es

in den neunziger Jahren, nicht gefehlt, denn der überstarke
Besuch hat größten Schulgeldertrag gebracht, von dem die Lehrer
nur einen geringen Teil, ‚nur höchstens 3000 M‘, erhielten, auch
diejenigen, deren Gebiete dem Staate das 10—20fache brachten.

Ich habe zugleich selbst eine zusammenfassende Lehre
begonnen, zunächst ‚Maschinenanlagen‘ behandelt, die von
selbständig Strebenden eifrig besucht wurde, während die Mehrheit
der einseitigen Prüfvorschrift folgte. Das Neue blieb Fremdkörper in der alten von der Bauverwaltung bestimmten Lehre.

Dann kam die Gründung der neuen Hochschule in Danzig
auf Anregung des Kaisers. Ich habe der Verwaltung gegenüber
begründet, daß die neue Lehrstätte nach neuen Grundsätzen
aufzubauen sei, und zwar 1. daß sie auch Allgemeinbildung
bieten müsse, was jedoch wegen Königsbergs, so entfernt es war,
von vornherein abgelehnt wurde; 2. daß sie vertiefte einheitliche
wissenschaftliche Fachbildung bieten müsse, unabhängig von den
Vorschriften der Bauverwaltung, da doch kein Zwang vorläge,
diese an allen Hochschulen zu erfüllen. Allgemein, daß es besser
sei, in Danzig einen starken, gesunden gemeinsamen Stamm für
alle Fachgebiete zu schaffen und die Zweige später anzuschließen
usw. Althoff war unzugänglich; er leitete Besprechungen ein, die
das gewollte Neue bald zu Fall brachten. Niemand wagte damals, aus dem Bann der Bauverwaltung und der Theoretiker
herauszustreben. Die neue Hochschule wurde genau nach altem
Muster errichtet.

So war denn gegen die Jahrhundertwende alles
Wesentliche aussichtslos; das überlieferte Geleise, die Lehre
und die Verfahren blieben unverändert, und das erreichte geringe
Zusammenwirken einiger Fachlehren konnte für die notwendige
kommende Entwicklung nicht ausreichen. Große Mittel wären
damals, als Danzig gegründet wurde, erreichbar gewesen, falls
das Neue mehr gekostet hätte als das Alte.

Der gesunde Werdegang der Hochschule, der wichtigen
Eigenart der wissenschaftlich-wirtschaftlichen Technik entsprechend, war verbaut durch die gebietenden einengenden Forderungen der Staatsbautechnik und durch die einseitigen Theoretiker.
Es war unmöglich, den Grundsatz zur Geltung zu bringen, daß
es nur eine der vielen Aufgaben der Hochschule sei, den Sonder-
forderungen der Bauverwaltung zu genügen, und daß ihnen

nicht jede Hochschule im Lande zu entsprechen brauche, daß andere Forderungen wichtiger sein könnten als die der verwaltungsmäßig geordneten Staatsbautechnik, und daß die Belehrung über Hilfsmittel und Methoden nicht ausreiche, zumal wenn sie durch Unerfahrene erteilt wird.

Kein Fortschritt konnte gelingen, wenn nicht zuerst die Abhängigkeit von der Bauverwaltung aufgehoben wurde. Und dies war auf gewöhnlichen Wegen sicher nicht zu erreichen, konnte überhaupt nur erstrebt werden, wenn vorher erst die Hochschule zu höherem Ansehen gebracht wurde, was inmitten der Überlieferungen und der Vorrechte des Alten durch sachliche Leistungen allein nie erreichbar war.

Seitdem die Leistungen der Technik und ihre überragende Bedeutung sichtbar wurden, ist ihr Ansehen in der Welt rasch gestiegen, die Anerkennung bezog sich jedoch, wie noch immer, nur auf die Werke der Technik, nicht auf ihre Urheber, und noch weniger auf die Hochschulen, die die Urheber ausbildeten und die, wie früher, als gewerbliche Schulen angesehen wurden, im ‚Etat‘ getrennt von ‚Kunst und Wissenschaft‘ genannt waren und noch tiefer bewertet worden wären ohne die staatliche Bautechnik.

Die Unabhängigkeit von der Bauverwaltung war trotzdem eine Lebensfrage.

Entwicklungsmöglichkeit.

Das aussichtslos Scheinende ist plötzlich möglich geworden, und der Wandel wurde auch sofort vollzogen durch den Kaiser, der kurz vor der Jahrhundertwende anläßlich der Jahrhundertfeier der Berliner Hochschule vorausschauend die Gleichberechtigung der Technischen Hochschulen mit den Universitäten verkündete und durch die Verleihung des Promotionsrechtes zum Ausdruck brachte.

Dieses Eintreten des Kaisers konnte neues Leben auf neuer Bahn zu einem Hochziel schaffen.

Die wirksame Tat für das Ansehen und Gedeihen der wissenschaftlichen Technik und ihrer Lehrstätten, sowie des Ingenieurberufs hat die Bundesstaaten und Österreich veranlaßt, dem Vorgange Preußens rasch zu folgen.

Der Kaiser hatte sich in den vorangegangenen Jahren über wissenschaftliche Technik unterrichtet, und an der Berliner Hochschule Vorträge Slabys gehört. Schon hierdurch wurden die Schatzhüter veranlaßt, etwas reichlichere Mittel zu bewilligen, zuerst nur für die Berliner Elektrotechnik, dann auf Vorstellungen Wehrenpfennigs für alle Hochschulen des Landes. Das war wieder Anstoß dazu, daß andere Staaten neue gute elektrotechnische Laboratorien errichteten.

Dann wurde in Preußen auch einiges längst Rückständige gebessert, denn auswärts wurde, insbesondere in Städten ohne Universität, u. a. in Darmstadt, Dresden, viel für die Technischen Hochschulen getan, wichtige Lehrstellen und Versuchsstätten geschaffen, die nun auf Preußen zurückwirkten.

Erstmalig erschien ein jährlicher Millionenaufwand für die preußischen Technischen Hochschulen; Ansehen und Wertung waren erhöht, allerdings folgte ihm ein von Althoff beantragter Fünfmillionenetat für die Universitäten auf dem Fuße. Erstmalig war ein fruchtbringender Wettstreit und ein größerer Maßstab da.

In weiten Kreisen wird angenommen, ich hätte, mit dem Kaiser als Hintergrund, viel Einfluß gehabt und geübt, sogar Vollmachten erhalten u. dgl. Das ist völlig irrig. Gedanke und Entschluß, die Hochschulen zu heben, ist vom Kaiser selbst ausgegangen, die weitere sachliche Anregung und Förderung ist Verdienst Slabys und der gewaltig anwachsenden Technik überhaupt. Als Slaby dann vielfach zu Hofe gezogen wurde, konnte er den Kaiser in persönlicher Aussprache in seinem Vorhaben bestärken; andere hätten in gleicher Lage hemmen, argwöhnen, verhindern können.

Das Hochstellen der Hochschule ruht sachlich auf der Bedeutung und dem Erfolg der wissenschaftlichen Technik; sie wurde jetzt kampflos den alten Wissenschaften mit jahrhundertalter Geschichte gleichgestellt.

Diese Gleichstellung wäre amtlich nicht zustande gekommen ohne die Förderung durch Althoff. Die vom Kaiser gewollte ‚erste Schulreform‘ hat auch vieles erstrebt, was erst spätere Geschlechter mühsam unter schweren Kämpfen erringen werden, amtlich wurde gar nichts verwirklicht.

Ich konnte nur einmal mit dem Kaiser und einmal vor ihm sprechen, öffentlich, bei der Hochschulfeier, als Rektor, und die einzige persönliche Aussprache hat einige Monate vor der Feier stattgefunden, als ich, wie jeder neu gewählte Rektor, empfangen und zum Frühstück zugezogen wurde, mit drei Hofpersonen und zwei Künstlern zusammen. Hierbei ergab sich Gelegenheit, für die Hochschule und ihr Promotionsrecht zu wirken, das noch sehr gefährdet war, und es gelang, schädigende Beschränkungen abzuwehren. Die Vorschrift der ‚deutschen Schrift‘ für den Dr.-Ing. ist anscheinend ohne Zutun der Unterrichtsverwaltung erst im kaiserlichen Kabinett hinzugekommen.

Die Aussprache berührte wichtige Dinge: das Loslösen der Hochschule von der Bauverwaltung, Pflege der Allgemeinbildung, Zusammenfassen der Lehre an den Hochschulen, Pflege der Grenzgebiete, Ausbildung der Offiziere, Verbindung der militär- und marinetechnischen Schulen mit den Technischen Hochschulen, Gründung einer ‚Akademie der technischen Wissenschaften‘ usw.

Später bin ich mehrmals vom Reichskanzler und anderen höchsten Würdenträgern zu kleinen Abendkreisen eingeladen worden, deren Mitglieder der Kaiser selbst bestimmte. Ich habe mich jedoch diesen Einladungen von Anfang an entzogen, denn es ist nicht jedermanns Sache, sich in dieser Umwelt frei zu fühlen und sich noch beneiden und beargwöhnen zu lassen. Slaby hat der Versuchung nicht widerstanden und hat, wie seine Freunde wissen, schwer gelitten. Andere Begegnungen und Beziehungen zum Kaiser oder zu Würdenträgern hatte ich nicht, und ebensowenig sind mir je Vollmachten erteilt worden.

Erst die durch den Kaiser gehobene Hochschule konnte versuchen, zunächst die eigene Verwaltung davon zu überzeugen, daß die Fesseln zwischen Hochschule und Bauverwaltung gelöst werden müßten, wenn neues Leben aufblühen sollte, und dann durchzusetzen, daß die Ausbildung der Anwärter für den Staatsbaudienst nur als eine der besonderen Aufgaben der Hochschule angesehen und behandelt werde.

Mittel zu diesem einen Zweck war eine neue Prüfungsordnung, die eine besondere Gruppe ‚Verkehrsmaschineningenieure‘ vorsah und den Forderungen der Bauverwaltung so angepaßt war, daß für sie der Anlaß wegfiel, die übrigen Zweige zu beeinflussen.

Die Zustimmung zu dieser Änderung der Prüfungsordnung konnte erst nach langen Kämpfen erreicht werden. Der schließliche Erfolg ist dem späteren Bautenminister Budde und dem verhandelnden damaligen Rektor Kammerer zu danken.

Schließlich wurde die ‚Bauführerprüfung‘ durch die akademische ersetzt; diese wurde Zulassungsbedingung zum Staatsbaudienst, woraus ihm selbst der gewaltige Vorteil der Auslese erwuchs, während er früher nur der Reihe nach Beflissene anstellen konnte, wie sie ihm die Prüfmühle zubrachte.

Die neue Prüfungsordnung konnte erst 1902 in Kraft treten. Fast drei Jahre wurden mit entbehrlichem Gerede und Kampf gegen künstliche Widerstände vertan, und ‚Übergangsvorschriften‘ galten bis 1906. Bis dahin herrschten noch immer die alten Anschauungen, und die Studierenden konnten sich neuen Forderungen durch die alten Vorschriften entziehen.

Erst nach 1906 konnte die Veränderung anfangen voll zu wirken.

Nunmehr erst war die Entwicklung der Hochschule ihrer Eigenart und den allgemeinen Forderungen gemäß möglich.

Nur die Grundlagen waren gegeben für freies sachgemäßes Werden und Wirken, durch Ansehen und Hochziel, durch Gleichstellung mit den höchsten Bildungsstätten, durch akademische Art, statt des Unterordnens unter Vorschriften einer Sonderrichtung, und durch reichlichere Mittel. Die wirkliche Entwicklung war wesentlich von den eigenen Leitgedanken und Leistungen der Lehrer abhängig. Aber die Bahn war endlich frei.

Zerfall.

In der Zeit zwischen der Jahrhundertwende und den Jahren 1906 bis etwa 1908 konnte kein weiterer Anstieg der Hochschule wirksam werden. Denn erst während dieser Zeit konnten die Voraussetzungen verwirklicht werden, konnte die Hochschule aus den alten Grenzen, der Alleinherrschaft der Staatsbautechnik und dem früheren Lehrverfahren heraustreten. Vorher war jedes

Streben aussichtslos; der weitere Anstieg hätte jedoch vorbereitet werden können.

Statt dessen ist rasch weiterer Zerfall gefördert worden, und planmäßig oder doch beständig wurde darauf hin gearbeitet, die wissenschaftliche Technik in eine Reihe von Fachlehren weiter zu zerstückeln, statt das aus der ärmlichen Vergangenheit übernommene Nebeneinander von ‚Fächern‘ und Abteilungen auszugleichen oder das Zusammenfassen wenigstens vorzubereiten. Die Mittel flossen jetzt reichlich; nun konnten für geteilte Fächer auch neue Lehrstühle errichtet werden, aber es geschah nie an richtiger Stelle, so wie es die nunmehr gehobene gemeinsame Hochschule und ihr neues Ziel forderte.

Das vertiefte Arbeiten seit den achtziger Jahren hätte es nunmehr ermöglicht, sie endlich einheitlich zu erfassen und die Grenzgebiete gegenseitiger Befruchtung zuzuführen, statt sie sich gleichgeschlechtlich weiter entwickeln zu lassen. Jedes Streben nach umfassender oder allgemeiner Bildung wurde jedoch vom endlosen Fachwesen überwuchert.

Grundlehren waren schon von Anfang an gespalten in Mathematik und allerlei Arten Geometrie und Bewegungslehre, die Naturlehre in verschiedene Arten Physik und Mechanik, Dynamik und Statik, und alles das dann noch gespalten nach ‚Fachbedürfnissen‘, als ob die Grundlagen für Bauwesen, Maschinenwesen, Chemie, Schiffswesen, Hüttenwesen usw. verschieden wären. Und das Schlimmste: Die Abteilungen wurden selbständig gemacht, durch täuschende ‚enzyklopädische‘ Vorlesungen ganz auseinandergerissen; sie haben jetzt gleiche Grundlehren und Fachlehren verschieden. Keine Abteilung ist zurückgeblieben im Wettlauf des Zerreißens. Am weitesten haben es die Schiffsmaschinenbauer mit ihren wenig zahlreichen Studierenden gebracht; sie haben ihre eigene Mechanik, Elektrotechnik und ihren eigenen allgemeinen Maschinenbau. Wird diese Lehre von Anfang an auf das Schiffswesen zugeschnitten, dann bedeutet sie das Anlegen wirksamer Scheuklappen; ist sie allgemein, dann werden staatliche Mittel verschleudert, denn die Fachlehrstellen sind doppelt vorhanden. In den Hilfswissenschaften waren sie von jeher mehrfach besetzt, ohne Vorteil für die Hochschule.

Die Mechanik, ein vertiefter Teil der Naturlehre, wurde

zwar der einseitigen mathematischen Behandlung einer abstrakten Bewegungslehre entzogen, jedoch nicht Sachkundigen übertragen, sondern Theoretikern ohne ausreichende Erfahrung. Die Mechanik wurde auf mehrere Abteilungen aufgeteilt, nach angeblichen ‚Fachbedürfnissen‘, je nachdem, wie sie ‚gebraucht‘ wird, so daß sie jetzt durch fünf Lehrer vertreten ist, von jedem anders gelehrt. In zwei Abteilungen wird diese wichtigste Grundwissenschaft nicht gelehrt, obwohl Fachwissen nachfolgt, das ohne Mechanik nicht verständlich ist.

Diese aufgeteilte Lehre kostet dem Staat das Vielfache dessen, was eine zusammengefaßte Lehre mit reichen Lehrmitteln und Forschungsstätten kosten würde.

So ist die Hochschule zu entscheidender Zeit, als endlich ihr Anstieg möglich wurde, mehr als zuvor in Sonderfächer zerfallen, und das Notwendige wurde unterlassen: ein gemeinsamer lebendiger Stamm mit kräftig sich entwickelnden Zweigen wurde nicht geschaffen.

Die Abteilung für allgemeine Wissenschaften ist kein Stamm, sie ist nur Ausläufer der höheren Schule geblieben. Die Hochschule hingegen ‚zerfällt‘ angeblich in 6 Abteilungen, in Wirklichkeit jetzt schon in 15 Fachrichtungen, die ebensogut anderswohin verpflanzbar wären, und der Unterteilung ist kein Ende abzusehen.

Geschichtschreiber der Technik werden sich einst wundern, daß Jahrzehnte nach dem Hochflug der wissenschaftlichen Technik, zwei Jahrzehnte nach ihrer Gleichstellung mit den alten Wissenschaften, an den Technischen Hochschulen nicht etwa die Technik und ihre Wirkungen gelehrt wurden, sondern nur Teile und Mittel der Technik, wie etwa Unterbau und Oberbau der Eisenbahnen, Über- und Unterführungen, Brücken und Durchstiche, Gleise und Weichen, Bahnhöfe und Signale, Triebwagen und Bremsen, allerlei Mittel des Baus und Betriebs, jedoch nichts von dem weltbestimmenden Verkehr und seinen Wirkungen. Das Bauen wird gelehrt für Landwirtschaft, Fabriken, Rathäuser und Kirchen, Landsitze und Zinshäuser, und vielerlei wird fachlich behandelt, so die Lieferung von Licht, Kraft, Wasser und Luft, die Bewässerung und Entwässerung, jedoch wenig oder nichts wird über das menschenwichtige Siedlungswesen gelehrt, vieles über Kraftmaschinen, nichts über die lebenswichtige Kraft- und Brennstoffwirtschaft usw.

Im einzelnen ist geradezu erstaunlich, daß z. B. wohl Dampfmaschinenbau gelehrt, jedoch die Hauptsache ausgeschlossen wurde und noch wird: die Dampfwirtschaft, die Kosten, die wirtschaftlichen Wirkungen der Betriebe. Trotz meiner Bemühungen ist es nicht gelungen, wenigstens einen Zusammenhang zwischen Dampfmaschinen und Brennstoffwirtschaft herzustellen. Mein Drängen hatte nur zur Folge, daß eine schon abgestorbene elende Dampfkesselbeschreibung wieder in die Prüfungsordnung eingesetzt wurde, mit der Wirkung, daß in das schon erneuerte Prüfverfahren wieder der Geist aus den achtziger Jahren eingelassen wurde. So konnten denn neue, wichtige Prüfvorschriften nach ältestem Schlendrian bequem umgangen werden. Die Prüflinge brauchten wie vor 40 Jahren nur etwas zu ‚zeichnen‘, was wie ein Kessel aussah, die abgeänderte Vorschrift war damit erfüllt, sie brauchten jedoch nicht zu wissen wie es im Dampfbetriebe zugeht, was der Dampf kostet, wie Dampfanlagen zu schaffen und zu werten, wie Brennstoff, Wasser, Wärme und Abfälle zu leiten sind.

Im Dampfmaschinenbau wird eingehend gelehrt, wie Tausendstel-Kilogramm Dampf durch Einzelheiten in der Maschine vielleicht zu sparen sind, während der Gesamtbetrieb, der tonnenweise verschwenden kann, unberührt bleibt.

Als die Lehrstelle für Dampfkessel frei wurde, sollte sie in die Hände eines richtigen Dampfkesselmannes gelegt werden, der ‚Feuerungstechnik‘ lehren sollte. Ich wurde zu den Beratungen erst auf mein Verlangen zugezogen und konnte das neuerliche Zersplitterungsbestreben nicht hindern; ich konnte nur außerdienstlich darauf hinwirken, daß die beabsichtigte einseitige Lehre in ‚Verbrennungstechnik‘ umgeändert wurde, und habe an diese einen wichtigen Teil meiner Lehre (Gasmaschinen) abgetreten, damit endlich einige zusammengehörige Gebiete vereinigt würden, sonst wäre alles im überlieferten alten Sumpf geblieben. Dafür bin ich mit Angriffen bedacht worden. Das neue Gebiet ist indes wegen des Kriegs noch nicht ins Leben getreten.

Inzwischen wird einiges über Dampfanlagen gelehrt als Anhängsel an die Wärmetechnik, ohne Zusammenhang mit dem Bau und Betrieb der Maschinen und des Konstruktionsunterrichts!

Hingegen wird zusammengefaßt, wo dies sinnwidrig ist; in einem gemeinsamen Maschinenbaulaboratorium wird alles vereinigt, was mit Messen und Untersuchen von Maschinen zusammenhängt, ohne den maßgebenden Zusammenhang mit der Fachlehre und dem Konstruktionsunterricht.

Als für mich eine Versuchsanstalt für Verbrennungsmaschinen errichtet wurde, mußte ich mich verpflichten, in ihr keine Maschinenuntersuchungen für Studierende durchzuführen, weil dafür das Maschinenbaulaboratorium da sei. Ich habe deshalb später die Versuchsanstalt für Sonderrichtungen, Kraftfahrzeuge und Flugtechnik, ausgestaltet.

Die Elektrotechnik wurde besonders weitgehend getrennt, vom Maschinenbau ganz abgelöst und in Starkstrom- und Schwachstromtechnik, Lichttechnik und Fernmeldetechnik aufgelöst als besondere Fachgebiete mit besonderen Prüfungsordnungen. Fernmeldetechnik könnte aus gleichen Gründen wegen ihrer Wichtigkeit in der Welt weiter unterteilt werden in Telegraphie, Telephonie, Funktechnik, und jedes dieser Fächer könnte vertieft und verbreitert gelehrt werden für wichtiges Lebensstudium. Es werden also nicht mehr Maschineningenieure gebildet, die Elektrotechnik beherrschen, auch nicht Elektrotechniker, sondern Fachwisser auf Teilgebieten. Das Trennen der Lehre entspricht eben dem Bedürfnis der Industrie nach ‚brauchbaren‘ Teilarbeitern.

Der Beginn dieser Umwandlung der Elektrotechnik hängt mit persönlichen Verhältnissen zusammen, die auch manches andere aufklären und deshalb hier zu erwähnen sind. Seit langem wird in Kreisen der Hochschule, der Verwaltung und auch der Industrie entgegen den Tatsachen angenommen, das ‚Konstruieren‘ werde auf Kosten der ‚Wissenschaft‘ übertrieben, und ich werde als Schuldiger betrachtet, statt der Lehrer, die mit dem bemängelten Unterricht befaßt sind. Dieses törichte Gerede hat nachweisbar Lehre und Lehrer, Schüler und Hochschule geschädigt. Gleichzeitig wurde der Unterricht Slabys als ‚unwissenschaftlich‘ verdächtigt. Ihm waren viele Schüler dankbar zugetan wegen seiner anregenden Lehre. Mit seiner Beziehung zum Kaiser kam die Bemängelung seiner Lehre, die die ‚Wissenschaft‘ hindere. Sachliche Veranlassung zu dieser still und kräftig betriebenen Hetze war jedoch, daß Slaby sich der Teilung der

Elektrotechnik in Sonderzweige widersetzte, die Grundlage höher wertete als geteiltes Fachwissen. Er war sehr besorgt, als der Elektromaschinenbau dem Leiter einer großen Fabrik als ordentlichem Professor im Nebenamt übertragen wurde; es gab bald fachlichen und persönlichen Zwist, und ein früher Tod hat ihn schweren Enttäuschungen entzogen. Slaby hat dabei nie ausgesprochen, daß es sich um diese Gegensätze handelte, die auch durch die herandrängende Hochspannungs- und Wechselstromtechnik verschärft wurden; er hat nur allgemein über die Schädigung der ‚Wissenschaft' und das Überwuchern des ‚Praktischen' gesprochen, und das wurde in weiten Kreisen gegen mich gedeutet, nicht gegen diejenigen, die es anging. Kurz vor seinem Tode hat er die Unterrichtsleitung und ihm Nähestehende beschworen, einseitige Fachbildung zu verhüten.

Statt diesen letztwilligen Rat in der Elektrotechnik zu befolgen, für die er gemeint war, wurde er wieder als gegen mich gerichtet ausgedeutet, und es wurde sogar eine persönliche Feindschaft zwischen Slaby und mir erdichtet, die es nie gegeben hat. Nach seinem Tode wurde alle Trennung verwirklicht, die er abwenden wollte.

Das Trennen entspricht der Arbeitsteilung in der Industrie, die auf allen Gebieten, in der Elektrotechnik besonders, weit getrieben ist und eine Schar von Teilarbeitern verlangt. Die elektrotechnische Industrie trennt selbst die Ingenieurarbeit nach Berechnen, Gestalten, Versuchen usw., schon wegen des Geheimhaltens ihrer Bestrebungen. Die Hochschule macht dieses Teilen mit, und die Studierenden werden durch Lehrpläne und Prüfungsordnungen veranlaßt, sich frühzeitig und zu ihrem Schaden einer engen Sonderrichtung zuzuwenden, aus der sie die Industrie vielleicht für ihre geteilte Arbeit ‚brauchbar' in Empfang nehmen kann, die jedoch die notwendige vielseitige Ausbildung schädigt und den Lernenden wirksame Scheuklappen anlegt. Reicht die jetzige Arbeitsteilung nicht aus, dann wird die Industrie ihre Arbeit weiter teilen, bis schließlich nur noch Einlernen und Einüben notwendig ist.

Umständliche Lehrpläne sind weitere Folge des Trennverfahrens; sie verfehlen ihren einzigen Zweck, die Lernenden zu beraten. Denn die technischen Fächer hängen stark voneinander ab, im Gegensatz zu vielen Universitätsgebieten. Die sinnlos überfüllten amtlichen Lehrpläne der Maschinenbauabteilung besagen: Wir Lehrer sind unfähig, euch Studierenden anzugeben, welche Studien unerläßlich sind für jeden, ohne Rücksicht auf seine gewollte oder vermeintliche künftige Sonderrichtung; ratet euch selbst, obwohl euch die Erfahrung fehlt, die wir haben sollten. Genau dasselbe gilt für die ‚Wahlfächer‘ der Prüfungen, womit neueste Reformer alte und neue Übel vertreiben wollen.

Die Lehrpläne des dritten und vierten Jahres weisen auf 13 Seiten 174 Fächer auf, auf weiteren 7 Seiten weitere 90 Fächer! Ohne zu sagen, was wesentlich, was nebensächlich ist. Das Banner der Lernfreiheit wird entrollt, die jedoch durch die Prüfvorschriften aufgehoben ist. Die Lehrpläne zeigen dabei merkwürdige Einzelheiten, z. B. ist ‚Heizung und Lüftung‘, welches Fach wesentlich zum Hochbau gehört und früher dort eingereiht war, im ‚Studienplan‘ fünfzehnmal genannt.

Überfüllung der Lehre und der Lehrpläne wird immer schädigender, weil immer neue Fächer hinzukommen, ohne daß das Alte nach Inhalt und Umfang abgeändert wird. Das Alte will weiter bestehen trotz veränderten Lehrwertes, und das Neue will in die Prüfungsordnung hinein. Das ist der üble Umlauf, der nur möglich ist, wenn zersplittertes Fachwissen als Hauptsache gilt. So kommen immer neue Fächer heran, behaupten ‚unentbehrlich‘ zu sein und große Lücken zu füllen: ‚Psychotechnik‘, ‚Gas- und Wasserfach‘, ‚technische Hygiene‘ melden sich, und weitere werden folgen. Alle hätten ihre Berechtigung, wenn nur der Grundstamm da wäre, die zusammenfassende Lehre für alle; dann fände die Fachlehre den richtigen Boden. Der Grundstamm fehlt jedoch, ist nie zu schaffen versucht worden.

Umständliche Prüfungsordnungen, die fortwährend geändert werden, sind das Wahrzeichen des falschen Wegs. Selbst während des Kriegs ist fleißig geändert worden. Denn des Fachwissens und seiner Teilung ist kein Ende, jeder sucht sein Fach vorzuschieben, und wenn die Lernenden durch die Lehre nicht angezogen werden, so soll die Prüfordnung nachhelfen, Einfluß und Besuch verstärken.

Vor dem Kriege wurde eine umfassende Änderung beantragt, die noch nicht herausgekommen ist; wohl aber sind drei Abänderungen dazu während des Kriegs bekannt gemacht, darunter die schwerwiegende, die die Elektrotechnik vom Maschinenbau trennt und in Sonderrichtungen zerteilt. Dabei wurde mit wenig Sorgfalt verfahren. So war zu lesen als Fach der mündlichen Hauptprüfung der Elektrotechniker: ‚Eine Turbine und eine Kolbenmaschine‘. Als diese sinnlose Vorschrift beim ersten Gebrauch versagte, wurde sie eigenmächtig abgeändert und diese Teiländerung dann zugleich mit anderen schwebenden Abänderungen beantragt und genehmigt.

Die Einzelheiten zeigen größte Willkür. Vier Vertreter des Kraftmaschinenbaus müssen sich zusammen mit einer Prüfungsstunde begnügen; trotzdem wird behauptet, die ‚konstruktiven Fächer‘ seien bevorzugt, während ein anderer Prüfer, der am Gestaltungsunterricht nicht beteiligt ist, jeden Prüfling allein dreimal prüft und außerdem Prüfer ist in zwei Richtungen für ‚Maschinenanlagen‘, die er gar nicht lehrt und die zu Kraftmaschinen gehören. Meine wiederholten Einwendungen blieben erfolglos.

Früher lag der Schwerpunkt in der Diplomarbeit, einer umfassenderen Gestaltung. Die meisten Studierenden wünschten für ihre Aufgabe ein Gebiet, das ihnen noch unbekannt war, um die Gelegenheit zu haben, Neues zu lernen. Das ist durch den Zerfall und durch die ‚Wahlfächer‘ gründlich abgetan. Jetzt suchen die Studierenden nur noch das Gebiet, das sie schon während der Studienzeit beackert haben. Gestaltungsarbeit wird gar nicht mehr gefordert, sie kann durch andere ersetzt werden, selbst durch Skizzen über ‚Heizung und Lüftung‘, wo es nichts zu gestalten gibt, sondern nur zu ermitteln.

Die wichtigsten Grenzgebiete gehen ganz verloren. In ihnen treffen die Wissenschaften zusammen, sie müßten planmäßig gepflegt werden, denn in ihnen liegt die Zukunft. Solche Pflege ist erst möglich, wenn die grundlegenden Wissenschaften zusammengefaßt sind und die bisherigen Abteilungen sich zu Gemeinarbeit zusammenschließen. Das Gegenteil ist geschehen.

Selbst neue Gebiete wurden von vornherein getrennt und ihre Teile dort eingeschoben, wohin sie das Sonderstreben einzelner Lehrer oder Abteilungen brachte.

Die Flugtechnik z. B., bei aller Kriegsbedeutung eine wichtige Friedenstechnik, wurde trotz meines rechtzeitigen Drängens nicht planmäßig in den Unterricht aufgenommen und wurde schließlich trotz Einspruchs auf drei Abteilungen aufgeteilt, so wie sich die Ansprüche zufällig oder laut geltend machten. Acht Lehrgebiete sind mit Teilen der Flugtechnik beschäftigt ohne jeden Zusammenhang. Es fehlt sogar der Zusammenhang zwischen Motor und Flugzeug. Die Zuweisung dieses Gebiets an die Abteilung für Maschineningenieurwesen ist nur deshalb unterblieben, weil die Schiffbauabteilung geltend machte, es handle sich um gleiche Aufgaben wie in der ‚Schiffahrt‘, und die Ingenieurabteilung befaßt sich mit der Flugtechnik, weil Aufgaben der ‚Statik‘ darin vorkommen, was im Schiffbau und Maschinenbau doch auch der Fall ist.

Drei große Versuchsstätten für Flugtechnik wurden bei Berlin geschaffen, keine im Zusammenhang mit der Hochschule. Nur an der Aachener Hochschule wurde eine winzige Versuchsstelle errichtet, aber beim Abgang des Lehrers nicht in Betrieb genommen. Ich konnte mit ganz unzureichenden Mitteln nur eine Versuchsstelle für Flugmotoren einrichten.

In Göttingen hingegen wurde das Maschinenlaboratorium, das für ‚bessere naturwissenschaftliche Lehrerausbildung‘ gegründet wurde, alsbald zur Versuchsanstalt für Flugtechnik ausgebaut. Dort ist geschaffen, was zur Technischen Hochschule gehört; dort ist die Forschungsstätte geschaffen, die der Technischen Hochschule versagt wird, frei vom Massenunterricht, obwohl sie dort, losgelöst von der wissenschaftlichen Technik, maßgebender Zusammenhänge entbehren muß.

Die Hochschulen hingegen entbehren der Forschungsstätten. Forschung und ausreichende Stätten und Mittel dafür sind beim jetzigen hohen Stande der wissenschaftlichen Technik unerläßliche Voraussetzung des wissenschaftlichen und fachlichen Fortschritts und der Lehre. Fachwissenschaftliche Lehrer, die nicht forschen können, sind ihrer Aufgabe nicht mehr gewachsen und müssen einseitig werden.

Insbesondere für die maschinentechnischen Gebiete sind keine Forschungsstätten geschaffen worden, sondern nur beschränkte Versuchsstätten, und auch diese fehlen auf wichtigsten Gebieten. Nur die Materialprüfstelle ist reichlich ausgestattet, aber erst seitdem sie nach Dahlem verlegt und von der Hochschule abgetrennt ist. Im Verbande der Hochschule blieb sie kümmerlich, wie ihr Ersatz, das Festigkeitslaboratorium.

Hemmungen.

Nur Slaby und Althoff gebührt Dank für die Hochstellung der Hochschulen, nicht den Hochschulen selbst, nicht den Ingenieuren noch der Industrie, außer daß das aufragende technische Schaffen aller den großen Untergrund bildete, auf dem das Neue erst möglich war.

Aus diesen Kreisen haben viele gehindert, soviel sie konnten; der Ingenieurgeist insbesondere war nicht mit dem Kommenden, er blieb im gewohnheitsengen Kreise der staatlichen oder sonstigen Facharbeit.

Kennzeichnend ist schon, wie die geplante Akademie der technischen Wissenschaften mißverstanden, wie sie nicht erkannt wurde als Mittel, das Ansehen der Ingenieure zu heben und ihre Fachwissenschaften zu fördern, wie sie nicht als notwendiges Glied des weiteren Aufstiegs erschaut wurde, als wichtige Voraussetzung der Wertung des ganzen Berufs in einem Staate ständischer Gliederung, die auf Vorrechten ruht. Der Hergang zeigt auch, wie damals alles Streben erst Kampf sein mußte, um alter Fesseln ledig zu werden und Fruchtboden für die Entwicklung zu schaffen.

Technische Akademie.

Der Kaiser ist der Anregung, eine Akademie der technischen Wissenschaften zu gründen, mit größter Anteilnahme gefolgt, hat das Ziel tatkräftig im großen verfolgt, hat eine Denkschrift darüber für die Behörden verlangt und schon während der Hochschulfeier Alfred Krupp veranlaßt, sich der Sache anzunehmen.

Die Denkschrift mußte sich wegen der Bedenken der Behörden gegen weittragende Neuerungen auf Teilfragen beschränken, mußte versuchen, die technischen Wissenschaften und ihre Lehrstätten zu fördern, denen damals wegen der Vorherrschaft der Universität und der Staatsbautechnik der aussichtsreiche Lebensboden fehlte und die nicht voll anerkannt waren. Daß die Akademie selbst rasch und tatkräftig verlebendigt werden könnte, erwartete ich nicht, denn mir fehlte der Glaube, daß Fachleute und Amtsleute das Neue nicht im alten engen Kreise deuten würden. Mündlich und auch in der Denkschrift habe ich dem Kaiser gegenüber zum Ausdruck gebracht:

Als das Deutsche Reich gegründet und gefestigt wurde, war auch den schlummernden Kräften des Volkes fruchtbringende Bahn gewiesen; seither sei Großes geschaffen und Größtes könne erreicht werden, wenn

alles Unwissenschaftliche gemieden würde, wenn Wissenschaft und Leben eins werde und sie zugleich richtige wirtschaftliche Ziele verfolgten.

Dann verschwänden alte hemmende Klüfte und richtige umfassende technische Bildung könne deutsches Schaffen mächtig und lebendig fördern.

Tatsachen sprächen schwerwiegend: England sei trotz Erfahrung und Wissenschaft da zurückgeblieben, wo die Wissenschaft fehlte, Frankreich trotz Wissenschaft da im Rückstande, wo die Wissenschaft nicht mit Leben und Wirtschaft einig ginge; Amerika sei der große Wettbewerber, weil dort alle drei Mächte zusammenwirken. Wir würden überwältigt, wenn wir nicht mehr als andere Wissenschaft, Erfahrung und Wirtschaft vereinigten und die Technischen Hochschulen in solchem Sinne förderten. Daran fehle es. Vielmehr drohe Zerfall sowohl den Hochschulen wie dem wirksamen Schaffen in der Welt. Zerfall durch:

Abbröckeln technischer Wissenschaften an die Universitäten, wo die abgetrennten Teile doch nicht lebensfähig werden könnten, wohl aber schadeten, weil dort einseitige Theoretiker erzogen würden, die die Wirklichkeit und ihre Schwierigkeit und das schaffende wirtschaftliche Leben nicht kennen, sich sogar darüber erhaben dünken;

durch das Streben, im Staatsbaudienst eine bevorrechtete Klasse zu schaffen, was nur gelänge, weil der als vollgültig anerkannte Hochschulabschluß fehle, und weil die Bauverwaltung trotz ihres engen Belanges als höchste Stelle in technischen Sachen gelte.

Die Wirklichkeit widerspräche solchem Zustand, denn die Zahl der als Regierungsbaumeister Geprüften betrage im Maschinenwesen inmitten größten Aufschwungs weniger als 2 v. H. der Gesamtzahl der preußischen Hochschulstudierenden. Von diesen würden nur wenige Staatsbautechniker, die anderen opferten

Zeit und Kosten nur für einen staatlich aussehenden Titel, und das schlimmste sei, daß sich die überragende Mehrheit nach einseitigen Vorschriften einer Baubehörde richte, daher falsch gebildet werde, daß unter den Irregeleiteten sich viele sehr Tüchtige befänden, die eines Titels wegen etwa 30 Jahre alt würden, vor Eintritt ins schaffende Leben, für das sie nicht herangebildet wurden. Inzwischen seien die Wettbewerber z. B. in Amerika schon etwa zehn Jahre wirtschaftlich tätig und hätten einen gewaltigen Vorsprung vor unsern Vielgeprüften, in Wirklichkeit Blinderzogenen. Das seien Folgen einer engen Sonderrichtung und eines Beamtentitels für nichtbeamtete Schaffende, den sie nach langer, schaffensfremder Erziehung erwarben.

Dieser staatliche Zuschnitt stamme aus Frankreich. Dort seien Teile der Ingenieurwissenschaften entsprungen; die Wege- und Brückenbauschule und ihre Vorbereitungsschule, die Polytechnische, hätten lange als Musteranstalten gegolten, und die Staatsingenieure herrschten. Nur deshalb sei die bedeutende französische Ingenieurkunst vom wirtschaftlichen Leben getrennt, die staatlichen Theoretiker von den verantwortlich Schaffenden, zum Schaden beider und des Landes, so daß auch französische Ingenieure von ihrer früheren weltumfassenden Tätigkeit verdrängt wurden in einer Zeit höchsten Aufschwungs der Ingenieurkunst. Deutsche könnten bei richtiger Bildung weit vordringen als Bahnbrecher, zum Nutzen des Mutterlandes.

Der Geist schaffender Ingenieurtätigkeit, frei von der staatlichen, müsse daher bald und voll zur Geltung kommen.

Das Hochschulstudium müsse wirklichkeitsgemäß ausgebaut und vollwertig beglaubigt werden in der überlieferten Form, um im Staat und im Schaffen den wirklichkeitsfern Erzogenen, jedoch Herrschenden, als anerkannte Kraft gegenübertreten zu können, und eine Akademie der technischen Wissenschaften müsse geschaffen werden als anerkannter Kern.

Die beiden Ziele habe ich im wesentlichen durch folgendes begründet:

Jetzt würden Hoheitsrechte mit dem staatlichen Baugeschäft verwechselt und deshalb Beamtentitel gesucht und Beamtenstudium, das für wirtschaftliches Schaffen nicht tauge. Zudem sei das Bauen nur Mittel für die Betriebe des Staates, die er nur so weit brauchen könne, als sie rein verwaltungsmäßig sich beherrschen ließen. Das Bauen werde jedoch oft als Selbstzweck betrieben.

In der Erziehung müßten Lehre und Leben sich zusammenfinden, der schaffende, wirtschaftliche Geist müsse gehoben werden, die scholastische, erfahrungsfremde theoretische Erziehung müsse schwinden und der Wirkungskreis der Ingenieure erweitert werden. Daher seien notwendig:

eine neue wirklichkeitsgemäße Richtung der Bildung und ihr vollwertiger Abschluß, das Promotionsrecht, eine Akademie als wissenschaftlich-wirtschaftlicher Mittelpunkt und auch Studium für allgemeine Verwaltung im Bereich der Technischen Hochschulen.

Verwaltungsingenieure könnten Wichtiges leisten, könnten auch dem Staat besser dienen als Baubeamte mit hohen Ansprüchen auf Bautätigkeit und besser als die bloß richterlich gebildeten Verwaltungsbeamten ohne technische Kenntnisse, die sich zu sehr vom Polizeigeist leiten lassen, aber nicht ausreichend der überragenden Bedeutung von Technik und Wissenschaft für Staat und Volk gerecht werden. Die Verwaltung werde doch immer mehr eine Angelegenheit der Technik und Wirtschaft, nicht des kenntnislosen bloßen Ordnens und Überwachens.

Die wenigen leitenden Baubeamten, deren der Staat bedürfe, müßten in der schaffenden Welt erfahren und bewährt und dann höher gestellt werden als die bloß verwaltenden.

Die Ziele der Akademie wären:

im Bereiche der technischen Wissenschaften zu fördern und zu forschen, selbst und durch Beauftragte,

die vorhandenen wirksamen Kräfte und Arbeitsstätten zu Gemeinarbeit zu vereinigen,

die schaffenden wissenschaftlichen und Wirtschaftskräfte zu vereinigen, die dem Staat und der Allgemeinheit dienen können,

technische Fragen von öffentlicher und allgemeiner Bedeutung zu prüfen und zu entscheiden.

Die vorhandene ‚Akademie des Bauwesens‘ käme nicht in Betracht, sie sei Hilfsstelle des Bautenministers, und in ihr hätten nach seinem Ermessen seine Räte gelegentlich einen Gesamtrat abzugeben. In solchem Rahmen könnten die Ziele nicht verfolgt werden.

Es könne jedoch eine neue Gründung abgezweigt werden, die dann vielleicht verjüngend auf den Ursprung rückwirken könne. Friedrich Wilhelm III. habe von der durch den Kurfürsten Friedrich III. gegründeten ‚Akademie der Künste‘ die ‚Bauakademie‘ abgezweigt, obwohl erstere stiftungsgemäß auch die Technik zu pflegen hatte, was sie jedoch nicht vermochte. Aus der Bauakademie sei dann die Technische Hochschule erwachsen, aber die Absichten der Stifter seien nur teilweise erfüllt, weil die Hochschule zu sehr und zu lange in getrennten Fachkreisen verblieben sei; diese müßten sich wieder zusammenfinden und in neuem Geiste zusammenwirken und in einer ganz neuen Umwelt, in der, bei veränderten Daseinsmöglichkeiten, die Wirtschaft im Vordergrunde stehe.

Jetzt herrsche trotz großer Leistungen größte Zersplitterung der Kräfte und Ziele, gerade in allgemein wichtigen Fragen, und die Technik sondere sich, seit sie wissenschaftlich geworden, zu sehr von der Wirtschaft und vom Allgemeinwohl ab.

Wichtige technische Fragen riefen längst nach einer anerkannten Sachstelle, denn jetzt werde zuviel richterlich entschieden nach zufälligen Meinungen angeblicher Sachverständigen, denen das Urteilen Erwerb ist, während in den meisten Fällen rasches, unabhängiges sachliches Entscheiden Unsummen von Fehlarbeit ersparen ließe. Ein unabhängiger technisch-wissenschaftlich-wirtschaftlicher Mittelpunkt sei dringend, erforderlich, sonst führen und entscheiden in volkswirtschaftlicher Technik und Wirtschaft zu viele Theoretiker und Erfahrungslose.

Der Rückstand sei Folge des unerwartet raschen Anstiegs von Wissenschaft, Technik und Wirtschaft, gleichzeitig mit dem des Deutschen Reichs, so daß unvermeidlich große Lücken bleiben mußten, die jetzt zu füllen sind. Die hohe Aufgabe sei nunmehr, der mächtigen deutschen Arbeit lebensfähige Vereinigung und Helfer zu schaffen und wissenschaftlich wie wirtschaftlich zusammenzufassen, was bisher getrennt laufe.

Die größte Aufgabe sei: Wissenschaft, Wirtschaft und Arbeit zusammenzuführen zu volkswichtiger Gemeinarbeit.

Alle großen Herrscher des Landes waren in diesem Sinne tätig, die Aufgabe dränge jetzt immer mächtiger heran und müsse nunmehr in großem Maßstabe erfaßt und gelöst werden, weil wir nur durch beste Wirkung der Arbeit, nicht durch ihre Menge, und nur durch Zusammenwirken die notwendige Weltstellung erreichen und behaupten könnten.

Die Verwirklichung wurde jedoch alsbald in kleinlichem Zuschnitt und auf unfahrbaren Wegen gesucht, in Satzungen nach altem Muster, und bald zeigte sich, was ich befürchtete: Keine der Behörden war voll bei der Sache, die Universität und die alten Akademien wurden als Hindernisse entgegengehalten, und schlimmer als das: die technischen Fachleute wollten aus dem engen Fachkreise nicht heraus, sie strebten nach einer ‚Interessenvertretung‘, die jede freie Akademie ausgetilgt hätte; es sollten ‚die wichtigsten Industrien‘, sogar deren Verbände ‚vertreten‘ sein, und der Sonderwünsche war kein Ende.

Althoff ist dann allein vorgegangen, hat die neue Akademie ganz fallen lassen und der alten zwei Mitgliedstellen angefügt für zwei Vertreter der vielen technischen Wissenschaften, ohne den erwähnten lebenswichtigen Zusammenhang. Die Sache war damit in den Bereich der überlieferten nur gelehrten Wertung verschoben; sie mußte deshalb wirkungslos bleiben, und von den vielen großen Richtungen der gewaltigen Technik ist nun nur eine einzige, theoretische, die ‚Statik‘, in der Akademie der Wissenschaften vertreten. So konnte auch fruchtbringender Zusammenhang mit dem alten Stamm nicht geschaffen werden.

Eigenhemmungen.

Die Hemmungen von außen her waren nicht zahlreich, aber entscheidend, die im eigenen Lager wirkenden waren heftig und unbegreiflich.

Geschichtschreiber und Wirtschaftsgelehrte, darunter Mommsen und Schmoller, haben das Kommende scharf abgewiesen, das Promotionsrecht insbesondere, begreiflicherweise, wurden doch uralte Vorrechte erstmalig durchbrochen. Jedoch kein Universitätskreis hat gemeinsam gehemmt. Nur ‚akademische Zeitschriften‘ haben feindlich geschürt, durch Rundfragen, an denen Führende sich indes nicht beteiligten.

Die Verwaltungen der Hochschulen waren bald einig, schon bei Besprechungen mit Vertretern der Bundesstaaten und Österreichs, die in Wilhelmshöhe unter Althoffs Leitung stattfanden.

Mit Hauck war ich beauftragt, mit den einzelnen Hochschulen des Reichs eine einheitliche Fassung der Vorschriften für die neue Doktorprüfung zu vereinbaren. Hierbei hat sich der Zerfall bald gezeigt; insbesondere haben Ingenieurprofessoren für die ‚Rechte der Staatsbautitel‘ gewirkt, in gewesenen und auch in wirklichen Staatsbautechnikern erstanden eifrige Gegner des Neuen, und technische Zeitschriften haben das Kommende und insbesondere mich angegriffen.

Im Verein deutscher Ingenieure hat dann feindliches Treiben eingesetzt, von Beamten ausgehend oder von ‚Unabhängigen‘, die vom ‚freien‘ Ingenieurberuf redeten, der keiner Titel bedürfe, des ‚alten Zopfes‘ am wenigsten. ‚Chineserei‘ war der mildeste Ausdruck für das Streben nach Gleichstellung, ähnlich wie jetzt gegenüber den Fragen des Berufsschutzes. Von Kiel und von Frankfurt aus wurden die Umtriebe in andere Vereine getragen, auch nach Berlin, wo sie jedoch durch das Eingreifen des Vorsitzenden Rietschel und auch Slabys im Keime erstickten.

Treibend waren die Verteidiger der Staatsbautitel, während die ‚freien‘ Ingenieure sich ihnen aus durchaus anderen ‚Prinzipien‘ anschlossen, Diese Geschäftigkeit ist nur deshalb unwirksam geblieben, weil sie überraschend schnell vor der kaiserlichen Tat stand, die ihr den Boden entzog. Damals war noch unbekannt, daß das Promotionsrecht schon bei der Berliner Hochschulfeier verkündet werden solle, man konnte noch Beratungen erwarten in der üblichen weitläufigen Weise und mit dem üblichen Ende, daß nichts herauskommt oder nur ein schwächliches vermittelndes Abkommen, das der Sache Ziel und Wert entzieht.

Jetzt kommt dieses Streben nach Staatsbautiteln wieder zum Vorschein und will wieder den ‚Regierungsbaumeister‘ als alleingültigen Abschluß und den Dr.-Ing. nur als Auszeichnung für Außenseiter.

Die Zahl der feindlich tätigen oder gesinnten Ingenieure war gering, ihr Anhang übergroß bei den Teilnahmslosen, die nicht erkannten, worum es sich handelte. Sie standen u. a. mit der Industrie ‚auf dem Standpunkt‘, das Neue werde die

Hilfskräfte und die Gewerbeschulen ‚schädigen‘ und deren ‚Recht auf den Ingenieurtitel‘. Das waren zwei Lager: Die einen pochten auf dieses ‚Recht‘ ihrer Hilfskräfte, was ebenso menschenfreundlich wie weltfremd war im ständisch gegliederten Staat, die anderen betonten den Titel, womit die Industrie, ähnlich wie der Staat, Verdienste belohnt, die sie nicht durch Einkommen ausgleicht. Die Teilnahmslosen folgten blind solchen oder ähnlichen ‚Prinzipien‘ oder träger Gewohnheit. Meine Auffassung: erst Anerkennung der wissenschaftlichen Bildung und des Berufs, der schwieriger ist als die alten, dann großzügige Wertung aller derer, die für die Allgemeinheit schaffen, diese Auffassung wurde verhöhnt.

Jetzt fechten Ingenieure wieder heftig für die ‚freie Bahn den Tüchtigen‘, jedoch nur auf ihrem Gebiet, auf dem längst schon jeder Tüchtige sich frei betätigen konnte, weil nur die Leistung gilt. Jetzt wie damals verkennen sie, daß unter Ingenieuren keine Vorrechte bestehen, wohl aber zu ihrem Schaden andere herrschen, die ihre Vorrechte nie ohne Kampf aufgeben werden. Nur durch den Machtspruch des Kaisers konnte dieser Kampf damals auf das Geringstmaß vermindert werden, während es sonst hoffnungslos war, gegen das Eingebürgerte anzukämpfen.

Jetzt wie damals schmähen die Ingenieure eifrig die Juristen, verkennen aber, daß diese unbesiegbar sind, wenn nicht vorher der Ingenieur als Stand gehoben, als Beruf geschützt wird, wie Rechtsanwälte und Ärzte, und das persönliche Verdienst anerkannt wird, nicht bloß die ‚Werke der Technik‘. Sie verkennen auch, daß sie das Allgemeine und das Verwalten erst selbst kennen lernen und über den engen Fachkreis erst hinausstreben müssen.

Die Ingenieure sahen und sehen auch heute noch nur ihren besonderen Fachkreis und verkennen, daß größte fachliche Tüchtigkeit allein keinen weiten Wirkungskreis erschließen kann.

Die Teilnahmslosen fanden die Hochschule im Bannkreise der Staatsbautechnik stehend ganz in Ordnung, forderten hingegen Unmögliches: Gleichstellung den Juristen gegenüber, ohne die Absicht, erst selbst zu lernen und dann daran mitzuwirken, die herrschende öffentliche Überordnung aufzuheben.

Wohl gab es schon damals viele Hochleistungsmänner, jedoch

noch wenig selbstbewußte Ingenieure, die ihren Beruf gleichbürtig den alten erkannten, ihr Lernen und Schaffen als gleichwertig dem der alten ‚gelehrten‘ Richtungen achteten und ihre Bildung und Leistung diesen gegenüber zur Geltung bringen wollten. Solche Ingenieure sollten doch erst erzogen werden.

Diese Teilnahmlosigkeit, das gewohnte einseitige Fachleben, die Geistesstimmung, die das Neue nicht erfaßte, alles das hat getrennt, als es galt, das rasch Errungene lebendig zu verwirklichen.

Die Verwaltung wollte und konnte unter solchen Umständen und bei so zerfahrenen Meinungen der Nächstbeteiligten weitgreifende Entscheidungen nicht treffen; sie hat Wünsche und Forderungen, die die Zukunft bringen wird, nur durch mich erfahren, und ich konnte das Gewicht meiner Meinung nicht durch das gleichgerichtete Verlangen vieler verstärken. Ich habe mich auch vergeblich bemüht, die Bezeichnung ‚Diplom-Ingenieur‘ abzuwehren, die weder den Beruf schützen noch auch nur die akademische Herkunft kennzeichnen konnte, weil beide Teile des neuen Namens schon mißbraucht waren. Hätte ich damals weiter gewirkt, um den Berufsschutz zu erreichen, so wäre wohl die ganze Sache gescheitert.

Althoff, ohne den überhaupt nichts gelungen wäre, hat übrigens von Anfang an klar erklärt, der Abstand gegenüber der Universität müsse gut sichtbar bleiben, und nur die ‚Gleichwertigkeit‘ solle ausgesprochen werden, nicht die Gleichberechtigung, welcher Grundsatz auch die bald folgende ‚zweite Schulreform‘ beherrschte. Damit mußte Wesentliches beim alten bleiben, denn das Herrschende ruht auf Vorrechten und Alleinrechten, auf die kommt es an, nicht auf neue Formen neben der alten Herrschaft.

Althoff, der Vielgescholtene, war mir gegenüber immer entgegenkommend, stets offen, sogar pünktlich und rücksichtsvoll, jedoch in der Sache unerbittlich; er sagte immer deutlich, was er wollte, u. a. daß die allgemeine Schulreform viel wichtiger sei als die Hebung der Technischen Hochschulen, daß der Kaiser diese durchführen werde, sobald ihm Aufschlüsse gegeben würden über die ‚Gleichwertigkeit‘. Die Gleichstellung der Schularten sei nur ein Mittel, das Gymnasium und die Universitäten zu heben, denen guter Zuwachs zuströmen werde solcher Nachwuchs, der aus eigenem Drange handle und di« Nachtragsprüfung nicht scheue, der sei wertvoller als die auf de: bevorschrifteten Bahn Herandrängenden. Und er hat rech behalten. Meine Einwendung wurde abgewiesen, daß die Tech nischen Hochschulen benachteiligt seien, weil sie auch die un geeignet Vorgebildeten ohne Zusatzleistung aufnehmen müßten darunter viele, die sich der Technik nur deshalb zuwendeten weil sie für die alte, bevorrechtete Richtung nicht taugten so daß sie wie so viele andere vielleicht Diplombesitzer, aber ni« Ingenieure werden könnten.

Die gebotene Gelegenheit, alte Klüfte und Mängel auszu gleichen, wurde nicht benutzt.

Prüfungshindernisse.

Prüfungsordnungen stehen unter dem Einfluß des herrschen den Geistes, der auch nach ihrer Änderung meist der alte bleibt stets kräftig hemmt und oft nur geringe Einzeländerungen er strebt, hiervon indes alles Heil erwartet. Voller Erfolg erforder neuen Geist, der nur wirken kann, wenn das erforderliche Neu« unabhängig neben dem Alten aufgebaut wird. Sonst ist jed« ‚Reform‘ langfristiges Stückwerk, im besten Fall ‚goldener‘, abe lebensschwacher ‚Mittelweg‘.

In den 90er Jahren war jeder Versuch aussichtslos, neber den Prüfungsvorschriften der Staatsbautechnik akademisch« durchzusetzen. Damit konnte erst begonnen werden nach de Einwirkung des Kaisers.

Erst 1902 ist die neue vorläufige Prüfordnung zustande ge kommen, unter vielen Mühen und Zugeständnissen, und nur da Nächstliegende konnte angestrebt werden: den akademische! Studienabschluß für die große Mehrheit von dem der Bauver waltung wenigstens äußerlich zu unterscheiden, weil von der Bau verwaltung die Erhaltung alles Bestehenden als Machtfrage be handelt wurde.

So blieb nur der Ausweg, eine vorläufige Prüfordnun; durchzudrücken, ohne den Geist des Prüfens zu ändern, davoi einen Teil für allgemeines Maschinenwesen sichtbar loszu lösen, jedoch die alte Form und gleichberechtigtes Mitwirken der Baubeamten als Prüfer beizubehalten, sonst wäre selbst diese geringe Änderung undurchführbar gewesen. Erst viele Jahre nach der vierjährigen Übergangszeit hat sich ein neues Gleichgewicht eingestellt und sind Vorherrschaft und Oberaufsicht der Baubeamten geschwunden.

Weil nur dieser enge Weg gangbar war, konnte ich nur das Teilziel erstreben und wollte es durch Unterteilung in nur zwei Prüfungsrichtungen erreichen, eine für die vielen Maschineningenieure, eine zweite für die wenigen ‚Verkehrsingenieure‘, die in den Staatsdienst treten wollen. Dieses Trennen schien die wenigsten Übel zu bringen, war aber tiefkrank, weil Verkehrswesen gar nicht gelehrt wird, sondern nur ‚Eisenbahnmaschinenbau‘; es bestand nur Stimmung für ‚Eisenbahnmaschineningenieure‘, und der Mittelweg ergab dann ‚Verkehrsmaschineningenieure‘. Alles Keim zu weiterer Spaltung.

Ich habe außerdem für eine dritte Gruppe: ‚Verwaltungsingenieure‘ gewirkt, die Professor Franz sofort aufstellen wollte, weil die Hochschule auch für die Verwaltung erziehen müsse. Die Gefahr lag einmal darin, daß für solchen Bildungsgang keine ausreichende Vorsorge getroffen ist, und daß diese Ingenieure vielleicht nur an den Bereich der Maschinentechnik denken, während die allgemeine Verwaltung gemeint ist; zum andern lag sie darin, daß die gesetzlichen Bestimmungen hinderlich im Wege stehen.

Diese verlangen u. a. ‚rechtskundige‘ Bürgermeister, verlangen ‚Befähigung für das Richteramt‘, also staatliche juristische Prüfungen für jeden, der in der Verwaltung leitend tätig sein will, und für jeden, der als ‚rechtskundig‘ gelten soll. Als sachkundig und technikkundig hingegen gilt jeder, der sich dafür ausgibt; der Verstand kommt, so nimmt man an, mit dem Amt.

Gleichwohl konnte, auch ohne Bildungs- und Betätigungsfeld, der Prüfordnung eine solche Gruppe zugefügt werden, des Anfangs wegen, um die alte Begrenzung der Technik auf technisches Wissen und Können endlich zu durchbrechen und dann weiterwirken zu können.

Was ich befürchtete, ist jedoch bald eingetreten: daß sich nämlich dieser Gruppe auch solche zuwendeten, die für andere

Richtungen unzulänglich waren, oder solche, die ,,Verwaltung' mit ,Betrieb' verwechselten, für den sie erst recht nicht taugten.

Die beiden weiteren Gruppen ,Elektroingenieure' und ,Laboratoriumsingenieure' sind gegen meine Auffassung hinzugekommen.

Das Abtrennen der Elektrotechnik vom Maschinenwesen hat seine Schatten vorausgeworfen; ich habe es von vornherein für verhängnisvoll und hochschulfeindlich gehalten. Die Einzelheiten hängen zusammen mit persönlichen Umständen, die hier nicht erörterbar sind, und mit dem Verhalten Slabys beim Herandrängen der Wechselstromtechnik und des planmäßigen Elektromaschinenbaues.

,Laboratoriumsingenieure' hielt ich für ganz verfehlt, weil jeder wissenschaftlich gebildete Ingenieur im Beobachten, Messen und so weit als möglich im Forschen geschult werden muß, und weil für eine weiterzielende Ausbildung die Mittel fehlten und noch fehlen. Die Bezeichnung ,technische Physiker' ist auch verfehlt und irreführend, denn die bloße Betonung der Technik genügt nicht, es müßte die Erfahrung der Technik hinzukommen, dann geht jedoch die ,Physik' in wissenschaftliche Technik über und der Zusammenhang mit den Fachwissenschaften wird unerläßlich.

Vorhanden ist nur ein ,Maschinenbaulaboratorium' und die üblichen elektrotechnischen Laboratorien, die nicht genügen, eine besondere Art Ingenieure auszubilden; das erstere ist sogar von den Fachwissenschaften abgetrennt und schon deshalb unwirksam, es besteht nur als schädliches Überbleibsel aus der ärmlichen Anfangszeit, wo wegen mangelnder Mittel keine eigentliche Versuchsanstalt geschaffen werden konnte, sondern nur eine unvollkommene Betriebsanlage für den Hausbedarf, die seither für den Hausbetrieb weiter ausgebaut wurde, mit Maschinen, die für Versuchszwecke ungeeignet sind. Das Zusammenlegen der ,Maschinenuntersuchungen' in einer Hand und in einem Laboratorium ist zudem unwissenschaftlich, denn es trennt Einsicht und Anwendung und ist längst sinnwidrig geworden, ebenso wie die frühere Vereinigung der ,Theorie' oder des ,Konstruierens' in einer Hand.

Zusammenzufassen sind nicht die Mittel, sondern die Sache, das Erkennen der Grundlagen und Bedingungen und die

Anwendung auf das Gestalten und Wirtschaften. Mit Betriebsmaschinen, die nur Summenwerte geben, können nicht einmal die Grundlagen geklärt werden, noch weniger kann Forschung oder ‚technische Physik‘ damit betrieben werden.

Diese vorläufige Prüfordnung von 1902 wurde schon 1904 abgeändert, hat aber immerhin ihrem gewollten nächstliegenden Zweck genügt, nämlich das Loslösen der akademischen von der staatsbautechnischen Prüfung vorzubereiten.

Die wirkliche Trennung konnte doch erst nach 1906 erfolgen, denn bis dahin galten Übergangsbestimmungen, um den Studierenden alter Richtung den alten Abschluß zu ermöglichen.

Während dieser langen Übergangszeit war keine freie Entwicklung möglich, sie hätte erst 1906 beginnen können. Wie denn alles im Schulwesen an Vorschriften hängt und deshalb nur langfristig abänderbar ist, denn das einzige Richtige, das Aufbauen des Neuen neben dem Alten, ganz unabhängig von ihm, wird für unmöglich gehalten.

Während der Übergangszeit und bis etwa 1909 lag immer noch die Gefahr vor, daß das Ganze rückgängig gemacht werde und die Bauführerprüfung als einzig maßgebende wieder auflebte. Jede gründliche Änderung der Prüfungen oder der Lehre hätte diesen Rückfall sicher herbeigeführt. Begreiflicherweise haben die beauftragten Baubeamten die Prüfungen peinlich im alten Geiste geführt und überwacht, in pflichtgemäßer Sorge, ob das Neue den alten sachlichen Forderungen entspreche.

Erst nach dem Verschwinden der alten Vorschriften und der Übergangsbestimmungen, nach dem allmählichen Absterben der alten Ziele und ihrer Wirkungen hätte damit begonnen werden können, die Hochschule unabhängig von der Bauverwaltung nach neuen Zielen richtig umzubauen.

Dazu ist es nicht gekommen. Mißhelligkeiten innerhalb der Abteilung und Rückfälle in das Gewohnte an anderen Stellen haben die kaum begonnene Entwicklung aufgehalten, dann ganz gehindert. Es wurde nur an den Vorschriften herumgeflickt, die doch nur Mittel zu einem nächstliegenden Zwecke waren; die Hauptsache wurde nie in Angriff genommen: Neubau der Lehre neuen Zielen gemäß.

Ich wurde seit 1905 verhindert voranzugehen und sah mich bald, 1908, gezwungen, jede dienstliche Tätigkeit außerhalb meines engbegrenzten Unterrichts, jede Mitwirkung an amtlichen Angelegenheiten einzustellen.

Angriffe.

In einem langen schaffenden Leben habe ich sachlich und vor allem persönlich im ganzen Reiche stets größtes Entgegenkommen und mehr Wohlwollen und Anerkennung gefunden, als ich erhoffen konnte oder gar verdiente. Alles ist jedoch jederzeit und allerorts in gehässige Angriffe umgeschlagen, sobald ich meine selbständige sachliche Meinung öffentlich aussprach, die einer Gruppe von ‚Interessenten‘ nicht paßte, ebenso jedesmal, wenn ich öffentlich für die Anerkennung des Ingenieurstandes und gegen eigenmächtige Bestrebungen wirkte. Dann bin ich alsbald verunglimpft worden, im geheimen und öffentlich, erstmalig, als mein Wirken für Gleichstellung der Technischen Hochschulen und für das Promotionsrecht bekannt wurde, dann immer zunehmend und immer gehässiger.

Ich müßte daher als Summe einer reichen Lebenserfahrung dem Nachwuchs zurufen: Bleib im eigenen eigensüchtigen Kreise, dann wird es dir wohlergehen hienieden, wirke nie öffentlich und ja nie für andere, vor allem nicht für Hochschulen und Standesgenossen! Doch will ich einiges hervorheben und aufklären, nachdem ich zwanzig Jahre geschwiegen.

Im Landtag hat 1908 ein Generalsekretär der Industrie mich und meine Lehrweise angegriffen und unter andrem behauptet, es herrsche an der Hochschule ein ‚System Riedler‘, das sie durch ‚unwissenschaftliche‘ Lehre schädige und ihren Niedergang verursacht habe. Der Besuch wurde als Maßstab gewählt und verschwiegen, daß er gesunken ist als Folge der Geldnot nach 1901 und als Wirkung der neuen einengenden Aufnahmebedingungen.

Dem Minister (Holle) war die Sachlage bekannt; diese Angaben dienten nur als Vorwand, die wirkliche Veranlassung des Angriffs war wirtschaftlicher Art und bestand darin, daß ich für den Ingenieurstand eingetreten war, und daß Einseitige glaubten, sie müßten dem anerkannten Ingenieur nicht die Leistung, sondern mehr bezahlen. Der Abgeordnete, von eigenen Kollegen überführt, hat zum Schluß diese Veranlassung auch zugegeben.

Nach Form und Inhalt war die Lehrfreiheit angegriffen, die doch als ‚Kleinod‘ hochgehalten wird, auch von Amts wegen, wenn etwa Lehrer der Universitäten angegriffen werden, was in Volkswirtschaft und Theologie vorgekommen ist. Hier handelte es sich ‚nur um Technik‘; Regierung, Hochschulen und Lehrer blieben stumm, Breslau und Danzig haben sich wohl bescheiden gemeldet, ihnen wurde jedoch abgewinkt.

Allen war bekannt, daß es ein ‚System Riedler‘ nicht gab und nicht geben konnte, weil ich schon 1896 alle meine Hauptfächer an neue Kollegen abgegeben hatte, und daß vorher meine Lehrweise keine Verheerungen angerichtet hat, denn der starke, schließlich unerträglich hohe Besuch fällt in die Zeit, als ich allein den maßgebenden Fachunterricht zu erteilen hatte; bei unwissenschaftlicher Lehrart wäre wohl der große Erfolg ausgeblieben, sicher die Studierenden.

Angegriffen war also nicht ich, sondern sechs meiner Kollegen, denen planmäßig die wissenschaftliche Lehre obliegt, insbesondere die Professoren Eugen Meyer und Josse, die den größten Teil davon in Händen hatten und noch haben, was auch von anderen Abgeordneten hervorgehoben wurde.

Trotzdem wurde eifrig der Glaube verbreitet, ich sei schuld an den wissenschaftlichen Bresten, die doch, soweit sie wirklich vorhanden, sechsfältig verschuldet sind, ohne dabei die vorbereitenden Wissenschaften mitzuzählen, die sich ‚grundlegende‘ nennen. Es wurde bei der Regierung, den Hochschulen und in der Industrie die Meinung verbreitet, ich lehrte einseitig ‚praktisch‘, ich übertreibe das ‚Konstruieren‘, ich wolle ‚fertige Ingenieure‘ ausbilden und dergleichen Unsinn mehr, der mir nie in den Sinn kommen konnte, und der den sechs Schuldigen angerechnet werden müßte, die den maßgebenden Unterricht erteilen, während ich seit 1896 daran unbeteiligt war und mich auch streng enthalten habe, ihn zu beeinflussen.

Der Angriff wurde selbstherrlich vom damaligen Vorsitzenden des Vereins deutscher Maschinenbauanstalten, Kommerzienrat Lueg, herbeigeführt. Von ihm wurde dann auch ein Vortrag seines Oberingenieurs gegen mich veranlaßt, zu dem die Behörde eingeladen und erschienen war und in dem der Beauftragte nachzuweisen hatte, daß ich eigentlich doch nichts tauge. Er fand dabei Widerspruch im eigenen Lager; auf Betreiben von Ingenieuren ist indes dem Vorsitzenden des Vereins nachträglich ‚freudige Zustimmung‘ ausgesprochen worden.

Dieses Gerede hat nachweisbar schwer geschädigt und hat vorbereiteten, längst notwendigen Fortschritt gehindert. Von dieser Zeit an ist überhaupt nichts mehr planmäßig sachlich richtig durchgeführt worden.

Der angreifende Abgeordnete, dem eigene Kollegen entgegenhielten, er beschuldige doch nicht mich, sondern andere, hat mich dann geschmäht mit der Behauptung: ich hätte eine zugesagte Schenkung nicht getätigt. Dabei hat er verschwiegen, daß ich der Hochschule schon früher Maschinen im Werte von hunderttausend Mark geschenkt habe, um den Bau des ersten — nicht mir unterstellten — Laboratoriums zu ermöglichen, und verschwiegen, daß ich außerdem eine große Barsumme gestiftet habe für wissenschaftliche Arbeiten anderer.

Diese Anklage bezog sich auf meine ‚Versuchsanstalt für Kraftfahrzeuge‘, wobei weiter verschwiegen wurde, daß ich nie versprochen habe, bestimmte Maschinen zu beschaffen, sondern nur Maschinen, die ich für den Betrieb der Versuchsanstalt für notwendig hielt und die aus amtlichen Mitteln nicht beschafft werden konnten; daß ich z. B. in der Liste, die dem Abgeordneten von einem früheren Rektor zugetragen wurde, eine zwanzigpferdige Gasmaschine genannt, jedoch eine zweihundertpferdige, also wesentlich teurere beschafft habe.

Amtlich wurde nicht geantwortet; deshalb habe ich meine Rechtsauffassung dienstlich ausgesprochen und gebeten, sie anzuerkennen, worauf wieder die Antwort ausgeblieben ist, so daß ich auf Grund der gesetzlichen Bestimmungen die Schenkung zurückgezogen, die Maschinen jedoch in der Versuchsanstalt belassen habe, wo sie wie vorher benutzt werden.

Diese Angriffe sind hier nur erwähnt, weil sie den herrschenden Geist kennzeichnen:

den Geist, der außerhalb der Hochschule am Werke ist, den öffentlich anzugreifen, zum warnenden Beispiel, der es unter-

nimmt, wichtigen ‚Maßnahmen der Industrie‘ seine sachliche
Ansicht öffentlich gegenüberzustellen, und der es gar wagt, kost-
spielige Unternehmungen als verfehlt nachzuweisen (Zweitaktmaschinen usw., S. 63), vor allem aber den zu bekämpfen, der
für den Ingenieurberuf eintritt und sich als Vorkämpfer bemerkbar macht, wo es »der Industrie« nicht paßt.

Und den Geist, der innerhalb der Hochschule herrscht und
der im vorliegenden Falle sich in der Meinung aussprach, es handle
sich bloß um persönlichen Streit, keiner Abwehr wert. So daß
manche Geister eifrig daran gingen, den ‚Fall‘ auszuschlachten,
einige sich baß darüber freuten und als Angeber und Zuträger
mittaten. Allzumenschliche Kleinlichkeiten, über die leicht hin-
wegzusehen wäre.

Das Folgenschwere aber war, daß diese Geister sich seit
1908 vereinigt haben — gleichgesinnte Seelen grüßen sich von
ferne; nun wurden verfehlte Beschlüsse gefaßt und selbst meine
schriftlichen Gegenäußerungen erst von der Abteilung begutachtet.
Der Kleingeist war fortan obenan; früher hatte er sein Dasein
im Verborgenen hingefristet, jetzt fühlte er sich aufgerufen,
nicht zu sachlichem Wirken, wohl aber gegen mich und was
mit mir zusammenhing, und er allein bestimmte die Richtung
der Abteilung.

Mein bißchen Gestaltungsunterricht wurde überfallen, der
nie Fachwissen erstrebte, immer stark besucht und mißliebig
bemerkt war, obschon (oder weil) ich ihn nicht selbst leitete,
jedoch im ganzen Wesen beeinflußte. Zunächst sollte der Zwang
wirken: ich mußte meine Übungen auf das gleiche Maß wie die
Übungen im Dampfmaschinenbau erhöhen, und als dieser Zwang
den Besuch bei mir nicht minderte, dort nicht erhöhte, war plötzlich am schwarzen Brett der Beschluß zu lesen, daß künftig
Entwürfe aus meinen Übungen bei den Prüfungen nicht berücksichtigt würden. Man glaubte wohl gegen einen ‚Bescholtenen‘
mit straffer Wade ‚vorgehen‘ zu müssen.

Die Regierung geht nicht leicht mit der ‚Minderheit‘ eines
einzelnen; die Kollegen Franz und Kammerer sind dem Kleingeist in Abteilungsgeschäften schon vor mir ausgewichen, und
ich war längere Zeit allein Widerstrebender. Erst während des
Krieges habe ich diese dienstliche Tätigkeit wieder aufgenommen,
und das feindselig gegen mich gerichtete Beschließen, ohne

Aussprache und immer ‚einstimmig‘ gegen mich, hat sofort von neuem begonnen.

Die Vorgänge sind schwer verständlich; es müssen die Triebfedern aufgedeckt werden, auch deshalb, weil sie ähnlicher Art sind wie die in unserem politischen und öffentlichen Leben wirkenden, vielleicht nicht böser Absicht entspringend, aber vergiftend und hemmend, und leider in übelster deutscher Eigenart wurzelnd, die von Bülow in seiner ‚Deutschen Politik‘ sehr richtig geschildert ist.

Als die Lehrstelle für Mechanik bei der Abteilung für Maschineningenieure geschaffen und erstmalig zu besetzen war, 1901, habe ich Stribeck und zwei andere ähnlich zu wertende Erfahrene vorgeschlagen, was den heftigen Widerstand Slabys fand, auf dessen Vorschlag Eugen Meyer berufen wurde. Ob diesem diese Vorgeschichte bekannt ist, weiß ich nicht. Er hat seinen Unterricht ohne jeden Zusammenhang mit den Fachwissenschaften eingeleitet und durchgeführt, obwohl der Sinn der neuen Lehrstelle das enge Zusammenwirken war.

Seit der sachlichen Erörterung über Gasmaschinen und Wirkungsgrade ist seine feindliche Stimmung hervorgetreten. In einer Sitzung der Abteilung wurde durch ihn, bei ganz nebensächlichem Anlaß, ein seltsamer Beschluß gegen mich veranlaßt, zum allgemeinen Staunen, wie später zugestanden wurde. Damit war jedoch die Richtung geändert und zugleich die Geschäftshandhabung; vorher konnten der Behörde stets klare Anträge mit unangreifbarer Begründung vorgelegt werden, und diese gute Gepflogenheit war jetzt erstmalig durchbrochen. Nunmehr war der Kleingeist, der aus zufälligem Anlaß handelte, ‚Partei‘ geworden, nunmehr mußte man ‚konsequent‘ bleiben, mußte der Partei ‚deutsche Treue‘ wahren, wie dies Bülow treffend kennzeichnet, mußte das Banner des plötzlich entstandenen Sonderkreises unentwegt hochhalten, wenn sein Daseinsgrund auch nur der augenblickliche Widerstand gegen mich war, fern von jedem fruchtbringenden oder überhaupt einem erkennbaren sachlichen Ziel, denn das nun einsetzende Herumflicken an der alten vorläufigen Prüfordnung, das Jagen nach ‚Wahlfächern‘ in der Prüfordnung kann als Ziel wohl kaum gelten. Mangelnder politischer Sinn ist der Grundfehler; kleinliches Zielstreben äußert sich durch einmütigen Widerstand gegen die Tat, ohne sich selbst zu Taten aufzuschwingen. Das fehlende Ziel wird durch ein zufälliges persönlich gerichtetes Wollen ersetzt; ein anderer Zusammenhalt ist ja nicht da, die ‚Partei‘ würde gegenüber der ersten ernsten Sachfrage zerfallen.

Aus diesen Stimmungen heraus sind auch die unerhörten Vorgänge, die Femgerichte und Angebereien in der vorerwähnten Reibungsfrage zu erklären und dann das Verhalten gegenüber meiner Denkschrift ‚Zerfall und Neubau der Technischen Hochschule‘.

Daß dieser sachlich richtungslose unfruchtbare Kleingeist, der Personen bemäkelt, ‚unentwegt‘ und ‚voll und ganz‘ gegen jede zielbewußte Tat wirkt, ist darauf zurückzuführen, daß die zufällig zustandegekommene Partei schließlich eifrige Führer gefunden hat, weil angenommen wurde, das Aburteilen, und sei es noch so kleinlich gerichtet, sei Trumpf, werde oben vielleicht gern gesehen oder gar gefördert. Diese Meinung scheint verbreitet gewesen zu sein, denn seit dem Angriff im Abgeordnetenhause wurde ich in der Tat von amtlichen Kreisen gemieden, keiner meiner früheren Schüler oder Assistenten wurde fortan in eine Lehrstelle berufen, einige hervorragende sogar auffällig abgelehnt. Die ‚Entwicklung‘ der Abteilung in den letzten 15 Jahren, die in fortgesetzter Unterteilung und in kleinlicher Abänderung der Prüfordnung bestand, hat sich unter der Alleinherrschaft dieser Partei vollzogen.

All das läßt einige Triebkräfte erkennen im engen Zufallskreise. Allgemeine Folgen kommen jedoch hinzu, so die Verschiebung der theoretischen Lehre von den Mathematikern zu den Fachtheoretikern, die mit den Fachwissenschaftern zusammenarbeiten sollten.

Die herrschenden Führer in der Wissenschaft, die Mathematiker und Physiker, wollen die Fachtheoretiker und ihre Arbeiten nicht anerkennen, weil ihre Theorien mit technischen Abhängigkeiten und mit Annahmen und ihre Versuche mit Summen- und Nebenwirkungen belastet seien, so daß ihren Facharbeiten kein allgemeiner Wert zukomme, keine richtige ‚exakte‘ Erkenntnis. Und sie haben recht vom Standpunkte der reinen Wissenschaften.

Die Führer im schaffenden Ingenieurleben haben nicht einmal die landesübliche Hochachtung vor den Fachtheoretikern.

Sie fragen zu sehr nach verantwortlich richtigen, anwendbaren Ergebnissen, die nicht geboten werden, und sie stützen sich längst nur noch auf eigene Versuche und eigene Rechnungen.

So haben denn die Fachtheoretiker ihren Sitz zumeist zwischen zwei Stühlen und sind wirklich zu bedauern; entweder wühlen sie auf dem platten Boden wirklichkeitsferner Rechnerei oder grübeln in den Wolken, beiderorts sind sie wenig geschätzt von den wirklichen Führern in Leben und Wissenschaft. Einige wenige sind als treffliche Lehrer geschätzt, die lebendig anregen durch Beispiele, durch Erfahrung. Bei andern fühlen schon die Schüler die Kluft zwischen der grauen Theorie und dem grünen Lebensbaum.

Diese Fachtheoretiker suchen emsig ein Feld, auf dem sie sich betätigen und Anerkennung finden können, in unserer Zeit, wo den Fähigen beides überreich geboten ist; sie meiden indes ihr eigentliches Feld: Vereinigung von Wissenschaft und Anwendung, wofür sie doch bestellt sind. Zu solcher Vereinigung sind sie nicht fähig, weil ihnen meistens Schaffen und Erfahrung fremd sind. Darum suchen sie gewohnte Arbeit, suchen ihr schädliches Trennen zwischen Lehre und Leben auf andere Gebiete zu übertragen, gründen technisch-wissenschaftliche Zeitschriften und Vereinigungen oder bilden Sondergruppen für ‚Mechanik‘, für ‚technische Physik‘ u. dgl., denen jedoch die wirklichen Wissenschafter fern bleiben, wie auch die wirklichen technischen Physiker und leitende Männer der Industrie. So vereint denn die Sonderbündelei eigentlich nur die Unfruchtbaren.

Den armen Verlaufenen bleibt jedoch unbestritten das endlose Feld des Nörgelns, des Besserwissens ohne Besserkönnen, der vermeintlichen wissenschaftlichen Polizei, die darüber wacht, daß nichts aufkomme, was nicht schulmäßig geprüft ist. Es sei nur an die jahrzehntelange Nörgelei eines Lüders erinnert. An diesem Geschäft beteiligen sich auffällig die mit Unfruchtbarkeit Geschlagenen, die in einem langen Leben als Lehrer oder Versuchsleiter selbst gar nichts geleistet haben. Selbst unter sich sind die Wissenschaftspäpste nicht immer einig und beschnöden sich gegenseitig, denn der graue Faden des Nörgelns ist endlos. Die Zeitschriften nehmen solchen Zank gern auf, er sieht ‚wissenschaftlich‘ aus und parteilos, ist jedoch nicht harmlos. Er hat u. a. zur Folge, daß wichtige Erfahrungen und Versuche von

Schaffenden nicht veröffentlicht werden, um sie dem Zank und der Treppenweisheit nicht preiszugeben.

Ein Trost ist den Fachtheoretikern geblieben: im engen Lehrerkreise werden sie manchmal entschädigt für herbes Lebensleid, dort können sie manchmal herrschen und führen, denn die Fachlehrer kennen zwar oder ahnen, wie schwierig und fehlervoll alles Schaffen ist, es gibt jedoch Augenblicke im fachlichen Menschenleben, wo sie gern den erfahrungsfreien siegessicheren Theoretikern folgen, nämlich dann, wenn deren Lehrsatzweisheit zu keinem scharfen Bekennen zwingt, wenn das Neinsagen das Bequemere, Gewohnte ist. So werden die Einseitigen Führer, aber nur im Verneinen und Zerstören, nie im Aufbauen.

Durch solche Umwelt, solchen Kleingeist und solche Führung werden einige herrschende Zustände erklärlich.

Ausblick.

Die Hochschule wurde unerwartet rasch gehoben, jedoch nicht ausgebaut, innerlich nicht verändert, nicht im Ziel, nicht in der Lehre, und ihr ‚Verfassungsstatut‘ schreibt ihr nach wie vor einen engstbegrenzten Wirkungskreis vor, auf besondere Fachlehre beschränkt. Keine Veränderung steht auch nur in Aussicht. Und die Vorbildung ist unverändert geblieben, ungeeignet in allen ihren Abarten, gilt aber doch als unantastbar, ja unübertrefflich. Jeder Reifbescheinigte muß aufgenommen werden, selbst wenn ihm die Vorkenntnisse für wissenschaftliche Technik und jegliche Veranlagung fehlen.

Die jetzt vorgeschriebene ‚Reife‘ erfordert gegen früher zwei Lebensjahre mehr, in lernfähigem Alter, der öffentliche Gegenwert aber fehlt, die Hochschulen und ihre Schüler werden nicht höher bewertet als früher. Die geforderte ‚Reife‘ hat nur die Besucherzahl auf ein verständiges Maß herabgesetzt, ungefähr auf die Zahl, wofür die Hochschule gebaut ist, während sie früher unerträglich überfüllt war.

Die Hochschulen sind gehoben, jedoch keiner höheren Aufgabe zugeführt worden; im öffentlichen Leben und gegenüber alten Berufen stehen sie und ihre Zöglinge zurück, und Hoch- und Gewerbeschüler werden planmäßig vermengt, trotz der drei bis sechs Jahre Studium, die die Hochschüler mehr aufzuwenden haben als die Gewerbeschüler verschiedener Grade. Im Zeichensaal der Fabrik treffen sie sich, wo die einen inzwischen übungsmäßig in Teilarbeit vorgeeilt sind. So findet der Zeitaufwand keinen Gegenwert in einem Staate, in dem jetzt und wohl auch weiterhin alle alten ‚studierten‘ Berufe nicht nur Vorrechte besitzen, sondern sogar Alleinrechte, Berufe, in denen von keiner Gleichberechtigung derjenigen die Rede ist, die sich Wissen und Können auf anderem als dem vorgeschriebenen Wege erwerben. Ingenieure wettern gegen diese Vorrechte, jedoch nur im stillen und tatenlos. Und in unserer Zeit herrscht der Ruf ‚Freie Bahn den Tüchtigen‘, aber nicht im Bereiche der Vorrechte und Alleinrechte, die bei den Juristen und Lehrern gesetzlich festliegen, sondern im Ingenieurbereiche, wo längst schon niemand behindert ist, Bestes zu leisten und nur die Leistung allein entscheidet. Schließlich werden viele wirklich Tüchtige es meiden, sich einem so schlecht geschützten Beruf zuzuwenden, und dieser wird dann vergeblich auf die wenigen Ausnahmemenschen warten, die sich außerhalb der wissenschaftlichen Bahn durcharbeiten können. Die jetzt vorgeschriebene Reife ist der Anfang eines Neubaus mit untauglichen Mitteln; der Ausbau fehlt und das schützende Dach gegen die herrschenden störenden Vorrechte. Also entweder Schutz, der für die anderen längst gesetzlich verankert ist, oder Beseitigung aller Vorrechte! Dies wäre das allein Richtige, die einseitige Freiheit wird nur Schaden bringen. Auf diese und andere Zusammenhänge und Folgen habe ich rechtzeitig und dringlich hingewiesen, ohne gehört zu werden.

Das Ansehen der Technik und ihrer Werke ist seit der Jahrhundertwende und im Kriege gewaltig gestiegen. Es gab viele, die in den Technischen Hochschulen eine neue Bildungsrichtung, eine Zukunft sahen und technische Bildung auch außerhalb der technischen Kreise forderten.

Das Ansehen der Hochschulen und der Ingenieure ist jedoch seither zurückgegangen, ihr Wirkungskreis ist nicht erweitert, nur das Fachwissen. Dieses allein hat sich ausgebreitet, keine neue fruchtbringende Bahn wurde betreten, die Absicht des Kaisers, den Beruf zu heben, ist nicht verwirklicht. Die Hochschule, der Ausgangspunkt, zerfällt, verhält sich tatenlos und hat sich dadurch selbst und den Beruf geschädigt.

Der Zerfall der Hochschule ist nicht erst jetzt erfolgt, er

war schon da, von Anfang an, denn das ‚Verfassungsstatut‘ ist unverändert geblieben, und das weitere hat das zukunftswidrige Trennen der Fachgebiete besorgt. Der Zerfall muß schließlich Verfall werden, wenn der trennende Geist weiter herrscht und unfähig wird, Neues zu schaffen, vielmehr bestrebt ist, Neues zu verhindern.

Auch der Verfall wirft seine Schatten durch die bedenkliche Tatenlosigkeit, selbst Teilnahmslosigkeit der Hochschule in eigenen inneren Fragen und gar in öffentlichen, die auch während des Kriegs bestand, als die Umwelt aufnahmefähig war, und die noch jetzt sich zeigt, wo die ungeheuren Kriegsfolgen drängen. Und all das inmitten einer völlig veränderten Schaffenswelt und gegenüber der überragenden Bedeutung der Technik gerade für die kommende Zeit.

Die Hochschule und die Abteilung haben aus sich heraus kein Fortschrittsstreben bekundet. Ausschüsse haben beraten und sind entweder im neujährigen Rektorat entschlummert oder haben weiter ‚getagt‘, bisher ohne jeden Erfolg. Jetzt werden Denkschriften verfaßt und ‚Gutachten‘ darüber, und der Tatenlosigkeit gemäß werden sie unverändert und begutachtet an die Regierung als ‚Material‘ weitergewälzt. Nie wird vorangegangen, nicht einmal ‚Stellung genommen‘ außer beim Verneinen, beim Abweisen dessen, was neu herandrängt, und beim Streben, das längst Umsturzreife weiter hochzuhalten oder zu verschlimmbessern.

Dagegen sind sie, wie erwähnt, Anregungen von außen her gefolgt, haben mit einem Ausschuß getagt und beraten und beschlossen, der von einem Teile der Maschinenindustrie eingesetzt wurde, obwohl der Maschinenbau nicht den Mittelpunkt bildet. Wichtigste technische Schaffensgebiete, wie Bauwesen, Beförderungswesen, Verkehrswesen, Siedlungswesen, die nicht zur Industrie zählen und ihrer nur als Lieferer von Gerät aller Art bedürfen, sind in dem Ausschusse nicht vertreten. Sein Aufbau ist daher einseitig, er umfaßt wesentliche Teile der Fertigungstechnik, sein Taten wird immer eng begrenztes ‚Kompromiß‘ sein und einer engen Fachbildung für einen Teil des schaffenden Lebens dienen. Er hat die Hochschulen eingeladen, Vertreter zu entsenden; viele haben anfänglich abgelehnt, weil sie richtig empfanden, daß Schulfragen von innen heraus gelöst werden müssen, haben sich jedoch dem Ausschuß angeschlossen, als die

Unterrichtsleitung ihre Mitwirkung zusagte. Als den Hochschullehrern vorgehalten wurde, solches Raten und Taten an solcher Stelle sei unrichtig, wenn nicht vorher wenigstens versucht werde, sich untereinander im eigenen Wirkungskreis und pflichtgemäß auf notwendige Änderungen zu einigen, wurde kennzeichnend geantwortet: Wenn wir nicht mittun, dann kommen noch hochschulfeindlichere Beschlüsse heraus.

Klare Ziele und ‚Reformen‘ sind den zehnjährigen Beratungen und den zahlreichen Veröffentlichungen des Ausschusses bisher nicht zu entnehmen, denn in solch großem Kreise, in dem vielerlei ‚Interessen‘ und verschiedenartige Verhältnisse mitsprechen, sind die Beschlüsse unvermeidlich entweder selbstverständliche ‚Leitsätze‘ oder entwertete ‚Kompromisse‘, aus denen nichts Lebendiges erwachsen kann. Der letzte Antrag des Ausschusses an die Regierung will sogar Höhe und Inhalt der Lehre herabsetzen.

Das Ende ist leicht vorauszusehen:

Die Fachlehre wird weiter vermehrt und getrennt, wie die Arbeit der Großbetriebe, die Sonderfächer werden zunehmen, denn einseitig Geübte werden in der herrschenden Teilarbeit den allgemein Gebildeten vorgezogen werden; die Gewerbeschüler aller Art werden in geteilter Arbeit dasselbe und Besseres leisten und viel billiger, sie werden auch von der engen Teilarbeit befriedigt sein, während die Hochschulgebildeten weiter streben und schon deshalb innerhalb der Arbeitsteilung nicht gern gesehen werden.

Die Fachlehre wird zunehmend auf das ‚Bedürfnis‘ der Großbetriebe, einschließlich der staatlichen, zugeschnitten werden.

Die Hochschule wird noch mehr als bisher eine Gruppe von Fachschulen bilden für Sonderfächer und für den Staatsbaudienst.

Dann wird sicher ein Finanzminister kommen, der mit Recht mit einem Federstriche das Bauen aus den Staatsangelegenheiten streicht, wozu schon Miquel bereit war.

Die Hochschule wird zunehmend von außen her beeinflußt werden, mit Recht, weil sie im eigenen Bereiche untätig war. Die Großbetriebe oder Verbände werden auch die Berufung der Lehrer beeinflussen, was ja sogar Universitäten gegenüber in der Wirtschaftslehre schon geschieht, indem verschiedene Richtungen durch die Auswahl der Lehrer berücksichtigt werden. Teilleiter von Großbetrieben werden im Nebenamt maßgebende Hochschullehrer sein. Ein Fabrikleiter hat ausgesprochen, daß am besten alle Fachlehre von Industriebeamten zu erteilen sei, und zwar kostenlos, was die Schatzhüter gern hören werden; die ‚Hilfskräfte‘ für die Übungen könnten dann ‚im Einvernehmen mit der Industrie‘ vom Staate angestellt werden. Mit welcher Industrie, ist nicht gesagt.

Den Hochschulen war nach der Jahrhundertwende die beste, nie wiederkehrende Möglichkeit geboten, auf größte Höhe zu gelangen; die alten Hemmungen waren beseitigt, die früher den Aufstieg hinderten, die öffentliche Hochwertung war errungen, große, überreiche Arbeitsgebiete konnten aufgeschlossen und neue Aufgaben gelöst werden für die Technik und Wissenschaft wie für die Allgemeinheit.

Die Hochschulen haben die Zeit und die Gunst der Umstände nicht genutzt, sie sind im Banne des Staatsbaus geblieben, sind Sonderfachschulen geworden und haben neue Arbeitsgebiete nicht erschlossen. Alle Veränderung war nur Ausdehnen des Fachwissens, Rückbildung zum engen Fachkreis hin, also in einer Richtung, in der die Gewerbeschulen Sieger bleiben müssen, schon wegen der vielen ersparten Jahre. Es wird erreicht, was bisher Hochschulen und Ingenieure, Verwaltung und ein Teil der Industrie erstrebten: Fachwissen und Teilbildung wird geboten und Fachübung erlangt für geteilte Arbeit der Staatsbauverwaltung und der Erwerbswirtschaft. ‘

Die Hochschule wird verschwinden, sie war eigentlich nie da.

Sie wird verschwinden zugunsten der Fachschulen für gewerbliches und staatliches Bauen.

Damit wird auch die Führung in der wissenschaftlichen Technik verloren, und mehr als je werden herrschen: die wirklichkeitsfernen Verwalter und Theoretiker aller Art.

V. Abhilfe.

Wer auf herrschende schwere Mängel weist, muß zugleich einen Weg zum Besseren zeigen, unabhängig vom besonderen Fall. Denn die gleichen Ursachen wie in der hier berührten Tatsachenwelt wirken überall, in der herrschenden Lehre und Leitung, an Schulen, Hochschulen, sie bestimmen den führenden Geist seit vielen Menschenaltern, völlig frei von jedem anderen Einfluß. Ein solcher Weg sei im engen Rahmen wenigstens angedeutet.

Neues Leben und Schaffen ist unmöglich ohne neugerichteten Geist, der wirklichkeitsgerecht wirkt; ist unmöglich ohne Neubau der Lehre von unten bis oben.

Gründliche Läuterung und Umbildung der Schulung ist die Rettung unserer Nachfolger. Sie umfaßt unendlich viele schwierige Fragen, die sich aber in nur drei innerlich zusammenhängende Grundforderungen vereinigen lassen. Eigentlich genügt die eine Forderung:

alle Vorrechte beseitigen!

Diese Forderung umfaßt auch die beiden andern:

die Wissenschaften zusammenfassen und kostbare Zeit der Jugend sparen!

Unter Vorrechten sind nicht bloß die offensichtlichen ‚Berechtigungen‘ mit ihren Hemmungen zu verstehen, die leicht und rasch zu beseitigen wären, um zu einer lebensgemäßen Einheitsschule zu gelangen. Alle Vorrechte müssen schwinden samt dem von ihnen getragenen alleinherrschenden Geist, insbesondere seine ungeschriebenen Vorrechte: vor allem das bisher rücksichtslos ausgeübte Vorrecht, daß die einseitige Lehre Erfahrungsloser unduldsam und überhebend herrscht, daß sie jede andere Denkart und gerade das Schwierige in Lehre und Leben als ‚niedrig‘, als ‚unwissenschaftlich‘ abweist.

Das Umbilden ist eine Frage richtiger Lehrer und Lehrererziehung und neuer Lehrmittel; die Alleinherrschaft der

Druckerschwärze und des Wortverstandes muß samt dem
bisherigen einseitigen schulmäßigen Geist verschwinden.
Richtige Lehrererziehung kann jedoch erst nach jahrzehntelanger Arbeit gelingen. Wer raschen Wandel verheißt, nur
ein neues ‚System‘ verordnen will, verkennt die Wirklichkeit.

Das Zusammenfassen erfordert Neuaufbau der Lehre und
vorher der Wissenschaften selbst, erfordert richtig gebildete, erfahrene Lehrer.

Vor etwa zwei Jahrzehnten wäre eine solche Zusammenfassung unmöglich gewesen, weil viele Wissenschaftszweige noch
nicht vertieft entwickelt waren. Jetzt sind sie einheitlich geworden, mit Ausnahme der Schein- und Wahnwissenschaften.

Auch hier ist jahrelange höchste geistige Arbeit notwendig,
bis das Zusammenfassen in die Schule hinein und auf den Nachwuchs wirkt, ihn wirklichkeitsgemäß richtet. Es ist
zusammenzufassen, was Jahrzehnte vernachlässigten und trenn-
ten, verkannten, verachteten.

Der Ruf nach ‚Synthese‘ genügt nicht. ‚An sich ist jedes
Urteil eine Synthese‘ (Goethe), und an einseitigem ‚Urteilen‘
und Verallgemeinern hat es in der herrschenden Schule nie gefehlt, das ist vielmehr ihr Grundfehler. Der bisherige Geist wird
das Zusammenfassen nicht leisten, daher auch neue ‚Vorlesungen‘
fruchtlos bleiben müssen, wenn nicht erst die neue Geistes-
arbeit geleistet wird: alles das wissenschaftlich zu vereinigen,
was in Jahrzehnten stärkster Teilarbeit gewonnen und leider
auch schroff getrennt wurde.

Ein neuer lebendiger Stamm der Wissenschaft und
ihrer Lehre muß erst geschaffen werden an Stelle der vielen
Wissenschafts- und Fachzweige, der Lehr- und Fachgebüsche,
ein Stamm, der selbsttätig weiter wachsen kann, an den sich
neue Zweige und die bisher vernachlässigten Grenzgebiete
lebendig anschließen können.

In der wissenschaftlichen Technik könnte das Zusammenfassen rasch geleistet werden durch Gemeinarbeit
mehrerer Gleichgerichteter, Erfahrener, weil die meisten verantwortlich Schaffenden wirklichkeitsgemäß und wissenschaftlich vertieft arbeiten und den Fortschritt auf weit-
reichende Versuche und Erfahrungen aufbauen, die jetzt reif

sind zur Vereinheitlichung. Rasch bedeutet: während etwa dreier Jahre, also während der Übergangszeit nach dem Kriege, die wegen der furchtbaren Lücken im Lernen der Kriegsteilnehmer ohnedies nicht einheitlich verlaufen kann.

In der wissenschaftlichen Technik ist auch der richtige Zusammenhang mit dem Wirtschaftsleben rasch herstellbar und vor allem das Zusammenleben mit der Allgemeinheit, das der bisher herrschende Geist und selbst die Universitäten trotz Alleinrechten gründlich verloren haben.

Sparen an Zeit und Kraft der Jugend ist nicht schulmäßig, sondern lebendig zu werten. Zeit und Kraft werden immer kostbarer, große Volkswerte sind zu erhalten, die die alleinherrschende einseitige und bevorrechtete Lehre verschleudert schon durch das zweckwidrige Trennen und durch die selbstgemachten Gegensätze. Das Wissen wächst immer weiter, und die schulmäßige Lernzeit wird schließlich länger als die durchschnittliche Lebenszeit, die Schaffenszeit wird sinnlos kurz hinter der überlangen Lernzeit, nur wegen der herrschenden einseitigen und trennenden Lehrverfahren. Die Schüler werden zu alt, bevor sie als ‚reif‘ entlassen werden, die Hochschüler stehen schon im Mannesalter, den Kopf voll von Lehrsätzen und Ansprüchen nach so langer Pennälerzeit.

Kleine Schulmittel werden nichts helfen, nur eine von Grund aus neuaufgebaute Geistesrichtung und Schulung, die größeren Wirkungsgrad erzielt, die Zeit und Begabungen besser nutzt und das Umlernen für das Leben unnötig macht.

Wenigstens drei Jahre Schulbank und das Soldatenjahr werden erspart, wenn alle Vorrechte wegfallen und die Lehre zusammengefaßt wird!

Der Urgrund der Mängel liegt im alleinherrschenden gelehrten Schulgeist und im einseitigen verbildenden Lehrverfahren, das er unduldsam allen aufbürdet, weil er und der ihn bevorzugende Staat glauben, nur eine Art der Schulung der zukünftigen Beamten sei die wahrhaft ‚humane‘, ‚harmonische‘, ‚höhere‘.

Einstmals waren nur die Gelehrten unsere Lehrer und die Hüter des Wissens, das durch technische Mittel noch nicht allgemein verbreitbar war, und manche mögen glauben, daß es so geblieben sei bis in unsere Zeit, die über soviel vollkommnere Bildungsmittel und Bildungsgelegenheiten verfügt.

Unsere wahren Lehrer, die wirklichen Erzieher sind das Leben, die Natur und ihre Auslese, die Kunst. Lehrer sind uns diejenigen, die beides verkünden: die großen Seher und Dichter, und auch die großen Denker.

Unsere Erziehung schöpft jedoch nicht aus diesen Urquellen, sie hält sich nur an hergerichtete Gaben der Gelehrten, und die Jugend kann zu den Quellen nicht gelangen; denn vor jeder steht von Amts wegen ein gelehrter Schulfuchs, der behauptet, die Natur, die Dichter, Seher und Denker seien ohne breitgeordnetes gelehrtes Erklären und Schulen nicht erfaßbar; ‚systematisch‘ müsse vorgegangen werden, und dabei wird — das Lebendige ausgemerzt.

Vor den Dichter oder Seher tritt der Sprachlehrer, der Inhaltserklärer, der Kritiker; der redet schulmäßig und lebensfremd, was die Lernenden innerlich nicht aufnehmen, und macht aus Dichtung und Kunstwerk die Mache, die Metrik, die Syntax, erklärt Wörter und Sätze, und so wirken wie ehedem an entscheidenden Stellen die Gottsched, Adelung und Klotz, die das ‚Wahre, Gute und Schöne‘ vertreiben, durch Buchstaben und Wortnörgelei ersetzen, die vor allem ‚Logik‘ üben ohne Sache. Die Sache und das Innerliche des Geschehens wird nicht erfaßt, das Sprachgefühl, wichtiger als alle Regeln, verkümmert, ‚Lehrstoff‘ und Wortwissen wird bearbeitet auf Kosten innerlichen Erschauens und unvergeßlichen Erlebens.

Den Zugang zu Natur und Leben versperrt der ‚Methodologe‘, der behauptet, nur durch seine bedeutsamen Verfahren sei die Natur erschließbar. Wer seine gekünstelte Sprache nicht spricht, gilt als niedrig, ‚verflachend‘ oder gar als ‚populär‘.

So wird den Schülern das Hehrste und Wirksamste zur Qual, zum endlosen Wissen und später im Leben zur deutschen Untugend: zur ewigen Pennälerei, zur Gelehrttuerei, zum Schuldünkel, der die Schaffenslust und alles Lebensgefühl ertötet.

Zwischen Natur und Wissen und Anwendung der Einsicht steht der deutsche Theoretiker, der anmaßend vermeint, das ‚Exakte‘, seine Lehrsätze seien alleinseligmachend, die er nach eigenem gelehrten Bedarf vereinfacht und verallgemeinert, die

besonderen Fälle verachtend, aus denen Leben und Natur bestehen. Verachtet wird nämlich alles, was lebendig wirkt und
schwierig ist. ‚Methoden‘ und Wissen werden ohne Anwendung
vermittelt, als abfragbares Prüfungswissen. Alles auf Kosten
der zwingenden Zusammenhänge des Lebens, ohne Anregung,
ohne vorbildliches Können und Schaffen, auf Kosten selbständiger
Arbeit und lebenswichtigen Könnens. Statt zur Selbstsicherheit
wird zur Selbstüberschätzung erzogen in einer selbstgemachten
wirklichkeitsfremden Welt.

So wird das Lernen auch an den ‚höheren‘ Schulen betrieben
und stolz verkündet, man lege die ‚Fundamente‘. Die Deutschen
kommen jedoch so nicht zum Bauen, am wenigsten während des
anpassungsfähigsten Alters; die Deutschen werden immer und
sind nie, wenigstens nie in der wirklichen Welt, und sie
fehlten auch, als die Welt verteilt wurde; sie werden immer voll-
kommner nach eigener Meinung und nach der Meinung ihrer einseitigen Lehrer, immer unleidlicher nach der ihrer Gegner, jedenfalls immer lebens- und schaffensfremder.

Abhilfe in der wissenschaftlichen Technik.

In einer Denkschrift ‚Zerfall und Neubau der Technischen Hochschule‘, auf Verlangen der Unterrichtsverwaltung 1918 von mir verfaßt, habe ich den Zerfall als Folge der
Überlieferung einer einseitigen theoretischen Lehre und der
zersplitterten Fachlehre dargestellt. Für den Neubau habe
ich gefordert: bessere Vorbildung, tiefere wissenschaftliche und
allgemeine Bildung und zusammenfassende Fachbildung.

Der Hauptteil der Schrift ist mit Zustimmung der Behörde
in der Zeitschrift des Vereins deutscher Ingenieure 1919
veröffentlicht, im wesentlichen unverändert, wie er während des
Kriegs geschrieben wurde, obwohl sich jetzt vieles kürzer darstellen ließe. Nicht erörtert sind in der Denkschrift die Fragen
des Berufsschutzes; dies ist in einer besonderen Schrift*) geschehen.

---

*) Berufsschutz für Ingenieure und freie Bahn den Tüch-
tigen‘ 1918.

Die Denkschrift behandelt nur die üblichen Mißdeutungen, die Ursachen des Aufstiegs und Niedergangs, den wechselnden Lehrwert der Lehrfächer, die herrschende unzureichende wissenschaftliche Allgemeinbildung, das Fehlen zusammenfassender Lehre, selbst im technischen Bereich, und sogar der zukunftsreichsten Grenzgebiete, die nur durch Zusammenarbeiten zugänglich werden.

Die Gründe und Vorschläge sind getrennt angegeben: nach Angelegenheiten der Hochschule selbst, nach solchen des Staates, der Wirtschaft und des Allgemeinwohls; der Verfall ist insbesondere dargestellt als Folge des überlieferten Trennens der Fächer, der Lehrverfahren, der einseitigen ‚Theorie‘. Schließlich ist begründet, welche Forderungen der Neubau der Lehre erfüllen muß.

Abhilfe setzt voraus, daß eine gewaltige Vorarbeit geleistet, daß die bisherige fachwissenschaftliche Einsicht zusammengefaßt und ein neues Lehrverfahren geschaffen wird.

Dieses Neue soll zunächst nur an einer Stelle aufgebaut werden und dann andernorts lebendig weiterwirken.

Einzelheiten sind in der Denkschrift absichtlich nicht gegeben, weil sie doch nach alter herrschender Auffassung beurteilt und mißdeutet würden. Es ist vorerst nur eine allgemeine Verständigung angeregt über die Grundsätze des Neubaus, damit Erfahrene und die Behörden sich willensstark zur Tat aufraffen.

Von den Vertretern der bisherigen Richtung ist dies nicht zu erwarten; sie müßten ja ihr Lebenswirken verleugnen und bekennen, daß sie lange auf falscher Fährte waren.

Jetzt, nachdem der Minister das Richtige und Dringliche erkannt und den Willen bekundet hat, das Neue in die Wege zu leiten, sind auch einige aufklärende Zusätze öffentlich auszusprechen. Wenn Verständigung erzielt ist, kann die Abhilfe zunächst im Maschinenwesen durchgeführt werden.

Herrschender Lehrplan.

Der herrschende Studien- und Stundenplan für Maschineningenieurwesen an der Berliner Hochschule schreibt in vier Studienjahren, wenn von den Sonderfachrichtungen abgesehen wird, vor:

in theoretischen Fächern: 26 Wochenstunden und 16 Stunden Übungen hierzu (Mathematik, Mechanik, Geometrie, Physik, Chemie).

Die Studierenden werden im ersten Jahre mit 31 Stunden theoretischer Fächer, davon 12 Stunden Übungen, erdrückt, neben denen 12 Stunden fachwissenschaftlichen Beginnens verschwinden. Somit fehlt auch jede Gelegenheit zu richtiger Anwendung der Erkenntnis, trotz größter Überlastung der Lernenden. Insgesamt werden ihnen 43 Stunden wöchentlich schon im ersten Jahre aufgebürdet, im zweiten 43, im dritten gar 50 Stunden, im vierten noch mehr. Unmögliches wird also verlangt.

Trotzdem reißt die mathematische Lehre schon im ersten Jahre ab, ebenso wie die grundlegende physikalische. Die theoretische Ausbildung ist daher unzureichend, schafft unfruchtbare Anfangslast und versagt im weiteren Aufbau gänzlich.

Allgemeinbildende Lehre wird jetzt überhaupt nicht geboten. Die Volkswirtschaftslehre kann, wie sie gelehrt wird, als solche nicht angesehen werden. Eine Hochschullücke ärgster Art!

Die Fachwissenschaften sind, abgesehen von einer ‚Einleitung‘ mit 2 Stunden Vortrag und 6 Stunden Übungen im ersten Jahre, auf das zweite bis vierte Jahr zusammengedrängt und umfassen 163 Lehrstunden, davon 113 Stunden Übungen, zersplittert auf folgende Fächer:

Technologie und Eisenhüttenkunde, Wärmetechnik, Maschinenuntersuchung, Maschinenelemente, Hebemaschinen, Arbeitsmaschinen, Dampfkolbenmaschinen und Dampfturbinen, Verbrennungsmaschinen, Verbrennungstechnik, Elektrotechnik, Hoch- und Tiefbau, Industriebauten, Heizung und Lüftung, Werkzeugmaschinen und Fabrikbetriebe, Wasserkraftmaschinen, außerdem Materialprüfung, Baukonstruktionen, Kraftanlagen, Lokomotivbau usw. In den ersten drei Jahren sind fast nur Pflichtfächer vorgeschrieben und weitere im vierten Jahre.

Selbst wenn die Fächer nicht mitgezählt werden, die in der Prüfungsordnung nicht genannt sind, verbleiben gegen 40 Wochenstunden Fachlehre, die den Studierenden Jahre lang nach dem Übermaß des ersten ‚theoretischen‘ Jahres aufgebürdet werden!

So ist es denn selbstverständlich, daß kaum ein Studierender mit vier Jahren schwerstbelasteter Lehrzeit auskommt. An irgend nennenswerte Selbstbildung oder an Allgemeinbildung kann der Jünger überhaupt nicht denken; diese ist logischerweise auch durch kein einziges Gebiet vertreten.

Solcher Lehrplan mit dem herrschenden zersplitterten Lehrverfahren kann nur einen elenden Wirkungsgrad ergeben. Das Verhältnis zwischen dem, was den ‚Hörern‘ gesagt und gezeigt wird, und dem, was sie als lebendigen Besitz im Schaffen behalten, ist wohl nur nach Tausendsteln zu zählen! Und wird nur dadurch etwas erhöht, daß die Studierenden das amtlich Empfohlene nicht hören können, sich daher des Schwänzens befleißigen müssen.

Die Frage drängt sich jedem Unbefangenen auf, und die Antwort ist für jeden Neubau wichtig: Wie konnte ein solcher Plan bestehen und immer weiter entwickelt werden? Bei der Behörde liegt längst ein neuer Plan noch schlimmerer Art, der nur aus zufälligen Gründen noch nicht vollständig genehmigt ist. Die schon gebilligten Teile haben noch weitere Spaltung in die Lehre hineingetragen.

Die Antwort ist einfach, jedoch nur dem Wissenden voll verständlich:

Zunächst ist das geschichtliche Werden schuld. Vor Jahrzehnten gab es nur schwache Anfänge einer wissenschaftlichen Maschinentechnik; sie wurde erst allmählich und nur in Einzelfächern vertieft.

Die Lehre konnte daher nur das in Teilarbeit praktisch Geschaffene erfassen und verbreiten, den Schaffenden nachfolgen. So mußte sie sich ebenfalls in Sonderfächer trennen.

Es gab keine zusammenfassungsfähigen Lehrer, weil es noch keine zusammenfaßbare Lehre gab.

Dann ist es zu lange beim Trennen geblieben, beim bequemen ‚Dozieren‘ nach Vorbild der Universität, das befolgt werden mußte, sonst wäre die neue technische Lehre noch mehr als minderwertig verrufen worden, als es ohnedies seit jeher geschieht. Das Herrschende, Bevorrechtete wirkt eben immer, still und mächtig. Das wird meist nicht gewürdigt.

Das weitere hat sachliche oder persönliche Unzulänglichkeit verschuldet, u. a. auch der leider lebenswichtig gewordene Anteil der Lehrer am Schulgeld, mit dem auch die Technischen Hochschulen bedacht wurden, weil das staatliche Entgelt viel zu knapp ist. So sind unmögliche Lehrpläne und Prüfungsordnungen entstanden, die vielleicht fortschreitenden Schulgeldertrag geben, jedoch elenden Lehrertrag.

Die Studierenden folgen allerorts dem Naturgesetz des kleinsten Widerstandes und sind die Geschädigten. Jetzt droht der Zerfall zum Verfall zu werden.

Daß solch unmöglicher Studiengang sich so lange halten konnte und mehr oder weniger an allen Hochschulen herrscht, hat natürlich außer den erwähnten Ursachen noch tiefere, allgemeinere. Sie sind im wesentlichen zu suchen im einseitigen Einfluß der Sachunkundigen, in falscher Wertung und in naturwidrigem Verfahren.

Einseitiger Einfluß.

Das Bildungswesen soll durch Sachkundige bestimmt werden, andere sollen nicht mitsprechen oder doch nicht entscheiden. Bei Juristen und Medizinern ist dies selbstverständlich, bei ihnen wird selbst die einführende Lehre nur von solchen erteilt, die das ganze Gebiet und das Schaffen in ihm vollständig kennen. Es ist undenkbar, daß z. B. die Grundbegriffe des Rechts von einem Nichtjuristen oder Anatomie und Physiologie von einem Nichtmediziner gelehrt werden.

Nur in der Ingenieurerziehung ist dies anders: Im maßgebenden Anfangsunterricht, der die Köpfe entscheidend richtet, entscheiden nicht Sachkundige, nicht Erfahrene, sondern ausschließlich Nichtkundige, Erfahrungslose, die das Ingenieurwesen und verantwortliches Gestalten gar nicht kennen, die sich aber für die Höheren, für die Hüter und Verkünder der Wissenschaft halten und auch als solche gelten.

Mit den Sachunkundigen sind nicht die Verwalter gemeint, die Lauf und Inhalt der Lehre genehmigen und vorschreiben; die können nie sachkundig sein, ebensowenig wie Richter, und halbes Verstehen wäre noch schlimmer. Denn auf welchen Gebieten sollten sie sachkundig sein? Doch auf allen! Was unmöglich ist.

Gemeint sind die Lehrer, Theoretiker, die die erste Lehrzeit einseitig beeinflussen, die die Studierenden zu beraten haben, zu welchem Zwecke die Anfänger den Abteilungen für allgemeine Wissenschaften überantwortet werden, den Abteilungen, die nicht einmal allgemeine Bildung vermitteln, sondern nur Vorbildung, die mitgebracht werden sollte und könnte, wenn die Vorschule verständiger aufgebaut wäre. Bei Berufungen dieser Theoretiker werden Universitätslehrer befragt, nie Sachkundige des Ingenieurwesens, auch nicht die Abteilungen, für welche die Theoretiker zu lehren haben. Diese bestimmen allein Umfang und Inhalt der Lehre.

Hier schon liegt die Wurzel des Übels, das verhängnisvolle Trennen der Lehren, die nur zusammenwirkend Erfolg bringen können, hier beginnt das Trennen von Wissen und Können, von Methoden und Anwendung, das Trennen des Redens und Rechnens vom verantwortungsvollen Taten.

Das Unmögliche dieses Trennens ist längst offenbar. Die Theoretiker haben Hauptaufgaben nie bewältigen können, z. B. in der Physik und Mechanik, die unter verschiedenen Namen den Fachwissenschaften angegliedert wurden, als ‚technische‘ Mechanik oder ‚technische‘ Physik, Wärmelehre usw.

Damit wird jedoch die Kluft nur vergrößert, denn solche Aufteilung ist wissenschaftswidrig, ein neues Übel ist hinzugefügt, und diese ‚technischen‘ Zweige sind doch überwiegend in Händen von einseitigen Theoretikern, von Erfahrungslosen geblieben.

Früher waren die ‚Theoretiker‘ Mathematiker, und Physiker, die ihre selbstbegrenzte ‚reine‘ Wissenschaft lehrten, sich jedoch nicht einbildeten, sie könnten die Aufgaben der wissenschaftlichen Technik bewältigen; sie haben auf deren Gebiete meist geringschätzend geblickt.

Jetzt herrschen außer diesen Theoretikern, Mathematikern und Physikern, die schon gerühmt werden, wenn sie sich für die Technik ‚interessieren‘, einseitige Fachtheoretiker, die jedoch den schwierigen Ingenieuraufgaben fremd, jedenfalls erfahrungslos gegenüberstehen, die die eigenartigen Schwierigkeiten der wissenschaftlichen Technik nicht kennen, indes glauben, ewiggültige Wahrheit zu besitzen und durch Lehrsätze und Rechnung alle Aufgaben lösen zu können, obwohl ihre Lehre auf selbstverfertigten gangbar gewordenen Annahmen ruht. Dieses Überwiegen und entscheidende Bestimmen der Einseitigen, Unerfahrenen ist eine der tiefen inneren Ursachen der unbefriedigenden Zustände und des Niedergangs.

Falsche Wertung.

Eine weitere wesentliche Ursache ist die herrschende falsche Wertung der Lehrer und der Lehre.

Lehrer wie Hilfskräfte werden schlecht bezahlt, sodaß Erfahrungslose und Schwache angezogen werden und die Erlangung von Nebenämtern Lebensfrage wird.

Lehrkräfte und Lehrrichtung werden falsch gewertet, denn es herrschen ja nur die Theoretiker, und diese werten die Lehrer und solche, die es werden wollen, nur nach theoretischen Veröffentlichungen, als welche auch gewöhnliche ‚Wälzer‘ gelten, wenn sie nicht gegen die ‚Methoden‘ verstoßen. Lehrbegabung wird dabei oft mit gewandtem Schreiben, Reden oder Rechnen verwechselt.

Solche Wertung hat oft versagt, hat Unfruchtbaren gedient, so daß gelegentlich einseitige ‚Praktiker‘ berufen wurden, was auch auffällige Nieten gebracht hat.

Die Fruchtbaren, die wissenschaftlich und praktisch Erfahrenen werden wenig bemerkt, sie sind meist Hochleistungsmänner, hoch bezahlt; sie meiden die von Kleinlichkeit umgebene Lehrluft, schreiben selten, arbeiten wissenschaftlich gerade wegen ihrer Vertiefung und in ihrem regen Verantwortungsgefühl vorsichtig, sie kennen eben alle die wissenschaftlichen Schwierigkeiten und Unsicherheiten, über welche Einseitige mit Lehrsätzen, Annahmen und ‚Methoden‘ hinweggleiten. Sie kommen mit wissenschaftlichen Arbeiten häufig nur langsam vorwärts, weil sie, wie alle wahren Wissenschafter, nach einer bewältigten Aufgabe die weiteren, noch schwierigeren erschauen, wogegen die Einseitigen gefeit sind, weil sie selten zu den großen Schwierigkeiten vordringen und eilig ihr auf Annahmen gestütztes Teilwissen der Mitwelt mitteilen.

Überschätzen der ‚Methoden‘ vervollständigt das einseitige Werten des wissenschaftlichen Arbeitens und ist auch eine Hauptursache des geringen Erfolgs der Lehre und der falschen endlosen Lehrpläne.

Jede Lehre will methodisch vorgehen, will ihre eigene ‚strenge und vollständige ‚Systematik‘ aufbauen. Die einseitigen Theoretiker wollen selbst nach der nur von ihnen beeinflußten (neunjährigen!) ‚höheren‘ Schule nichts voraussetzen, wieder mi dem Abc beginnen, in einer gewollten langen, unfruchtbaren, ‚logischen‘ Reihenfolge.

Nach diesem Vorbild beginnt auch die Fachlehre nach ‚streng wissenschaftlicher Methode‘ nicht etwa mit Wesen, Wirtschaft und Betrieb der Maschine, mit Ziel und Zweck des Maschinenwesens. Nein! Mit dem Eisen wird begonnen, aus dem die Maschinenteile herzustellen sind, daher erst mit der Herkunft und der Herstellung dieses Eisens, dann folgen die Maschinen-‚Elemente‘, als Teile dargestellt, aus dem Zusammenhang gerissen, so wie sie in die Teilberechnung passen usw.

Das Wesen der Betriebe und den Zweck der Mittel erfährt der Lernende zum Schluß. Vielleicht! Durch dieses ‚lückenlose‘, ‚logische‘ Verfahren wird dem Wesen der Technik und ihren Schwierigkeiten gründlich aus dem Wege gegangen. Das Teilwissen, das gelehrt wird, ist ein Ersatz, der im Anfänger keine Wurzel fassen kann.

Wie wäre es doch, wenn die medizinische Lehre, statt zerlegend und zusammenfassend mit dem Menschen zu beginnen, eine ‚systematische‘ Belehrung über Knochen, Zellen, Nerven und Blut voranstellte und dann die ‚Elemente‘, Hirn und Magen, Lunge und Leber usw. getrennt behandelte, darauf getrennte ‚Fachlehre‘ nachfolgen ließe über Energieumwandlung in der Verdauung, im Kreislauf u. dgl. Das Unding der herrschenden technischen Fachlehre wäre dann noch immer nicht erreicht. Dabei ist Bau und Betrieb der Maschine ungleich einfacher als die Lebenstätigkeit beim Menschen.

Der Sache, den Maschinenbetrieben, wird ein theoretisches systematisches Fegefeuer vorausgeschickt, dann folgt Weitläufiges über eine vermeintliche Statik, über Kräfte und über Bewegung, alles abseits von der Wirklichkeit, weiterhin Betrachtungen gleicher Art über Wärme und Zustandsänderungen unter unmöglichen Voraussetzungen, schließlich öffnet sich plötzlich das unabsehbare Feld zusammenhangloser Sonderfächer. Die wirksamste ‚Methode‘, die Wirklichkeit zu meiden!

Weiteres falsches Werten ist das Überschätzen der Versuche wegen der ‚Methoden‘ der Erfahrungslosen und ihr unzulässiges Verallgemeinern von Einzelergebnissen, von Teilversuchen oder von Summenwerten, die als Allgemeinwerte ausgedeutet werden. Fachtheoretiker verfallen in diesen Fehler am häufigsten. Die Ursache ist immer mangelnde Erfahrung, Verkennen der Abhängigkeiten, der Zusammenhänge, der Betriebswirklichkeit, die durch willkürliche Annahmen ersetzt wird, wobei die Einseitigen und Erfahrungslosen nicht einmal merken, auf welche wirklichkeitswidrigen Voraussetzungen sie ihre Versuche, Rechnungen oder Deutungen aufbauen. Dies und die einseitige unduldsame Theorie ist die Hauptursache, weshalb wir auf wichtigsten Gebieten noch immer im dunkeln tappen.

Als auffälliges Beispiel kann immer wieder die Reibung herangezogen werden. Ein Jahrhundert Wissenschaft hat nichts gebracht, um irgend eine Reibungswirkung, eine Reibungsvorrichtung, etwa eine Bremse, sicher berechnen zu können. Nur Unrichtiges wird gelehrt und steht in den Büchern. Das wissenschaftliche Elend ist besonders eindringlich durch den erwähnten Fall gekennzeichnet (S. 99), daß auf Grund von ‚Ingenieurversuchen‘ in einem allgemein benutzten Ingenieurhandbuch Reibungszahlen für wichtige Betriebsbremsen angegeben sind, die deren Benutzer sicher in Unfälle und Rechtsstreit führen, wenn nicht gar vor den Strafrichter. Dabei sind diese Werte als Ergebnis von ‚Forschungsarbeit‘ veröffentlicht, die von Ingenieuren geleitet und gefördert wurde. Und der Nachsatz, wie die Zahlen zu verwenden seien, zeigt das Unwirkliche, das Unmögliche. Alles Folge des falschen Wertens, des unzulässigen Verallgemeinerns von Kleinversuchen, die unter betriebswidrigen Bedingungen durchgeführt wurden.

Einseitigkeit, wirklichkeitswidriges Rechnen, Versuchen und Deuten, Überschätzen der ‚Methoden‘ und voreiliges oder erstarrendes ‚Schematisieren‘, sowie unzulässiges Verallgemeinern sind die Grundübel der Schulweisheit und ihres Gegensatzes zum Leben.

Naturwidriges.

Die Deutung des ‚Brauchbaren‘ gehört ebenfalls zur herrschenden falschen Wertung und schädigt allerorten.

Das wirklich Brauchbare wird nämlich grundsätzlich erniedrigt, ist ‚Banausie‘. Hier liegt eine der Ursachen, die Lehre und Schule vergiften und zerklüften, die das reiche Leben in eine selbstgemachte trockene Schulwelt verwandeln.

Alle ‚Schulreform‘ ist deshalb nur Gerede in dieser eigenen unwirklichen Welt. Diese erkünstelten Gegensätze werden eifrig aufrechterhalten und erweitert, sind deshalb Ausgangspunkt naturwidriger Lehrverfahren.

Jedes Wissen muß brauchbar sein in dem Sinne, daß es anwendbar sein muß für das Leben, sonst ist es unfruchtbar, weniger wert als beliebig bedrucktes Papier.

Das Naturwidrige liegt darin, daß fast alle Lehre von Amts wegen ‚unbrauchbar‘ dargeboten, oder daß in einer unwirklichen Welt willkürliche Anwendung gezeigt wird. Und das gilt als das Höhere, das ‚Reine‘; das Natürliche hingegen gilt als ‚gemeine‘ Nutzlehre.

Die Wirklichkeit ist: die Einseitigen können das Anwenden nicht lehren, weil ihnen vielseitige Einsicht und Erfahrung fehlt; ihre Lehre kann nicht brauchbar sein, deshalb wird dem Brauchbaren der Makel angeheftet. Das Geringschätzen dessen, was Erfahrene können, Einseitige hingegen nicht, bildet den Deckmantel, hinter dem sich das Nichtkönnen verbirgt. So wird dem bequem hergerichteten Wirklichkeitswidrigen, dem Lebensfremden alles Erhabene angedichtet, dem Wirklichkeitsgemäßen, Richtigen alles Niedere nachgeredet, Broterwerb und ‚gemeiner‘ Nutzen, ‚Banausie‘, ‚Realismus‘, ‚Materialismus‘ und andere Ismen bis zum vorläufigen Höchstgipfel des ‚Amerikanismus‘.

Von diesen naturwidrigen, künstlich geschaffenen Gegensätzen leben die Einseitigen, die die Denkrichtung verfälschen, den selbständigen Geist schädigen. Vieles Schul- und Lehrelend ließe sich um den willkürlich entstellten Begriff des ‚Brauchbaren‘ herum erklären.

Trotz aller Verachtung des wirklich Brauchbaren suchen indes die Wirklichkeitsblinden eifrig das ihnen brauchbar Scheinende, das, was ihrer Einseitigkeit taugt.

So liegt tief in ihnen der unbewußte Drang — unter Deutschen leider weit verbreitet —, nur das zu suchen und zu merken, was zu einer vorgefaßten Absicht paßt.

Im Forschen und Schaffen ist solche Sucht verhängnisvoll, denn ‚brauchbar‘ ist nur, was richtig ist, nicht das, was einem gewollten Zusammenhang entgegen zu kommen scheint. Dieser verführt sie dazu, sich selbst zu täuschen, verführt sie zu Deutungen, die zu ihren Annahmen passen, aus denen sie Gesetze machen, sobald einige Deutungen übereinstimmen. So wird denn auch nur beobachtet, was paßt, was ihnen brauchbar scheint, damit das Gewollte als richtig, als ‚exakt‘ erscheine. Alles das ist falsches Werten, wirklichkeitswidriges Vorgehen.

Damit versperren die Wirklichkeitsblinden sich und ihren Schülern jeden Ausblick und Fortschritt. Denn Urart der Natur und der Technik ist, daß jede wahre Lösung einer Aufgabe zahlreiche neue Fragen aufwirft, so daß jede Tatsache, jede Wirkung immer wieder aufs neue ursächlich erklärt werden muß und die Schwierigkeiten immer weiter wachsen. Die Einseitigen, die Lehrsatzmenschen hingegen kennen nur die selbstgemachte fortwälzbare ‚exakte‘ Formelwelt.

Vorbildung.

Die Vorbildung geht insbesondere den Weg zur falschen Wertung und zur Unnatur. Sie frißt neun Lebensjahre und ist stolz darauf, in dieser langen Zeit nichts ‚Brauchbares‘ zu lehren. Sie ist die stärkste Ursache der vielen Fehlarbeit, der verfehlten Leben, weil sie grundsätzlich das Wirkliche als niedrig abweist und das ‚Logische‘ nach Schulmeinungen behandelt, weil sie anschauungslos, schaffensscheu oder überhebend bildet, verbildet.

Sie lehrt nicht einmal das Rüstzeug beherrschen, rühmt sich, ‚Fundamente‘ zu legen, die jedoch nur zur Schulwelt passen, nicht zur wirklichen, sie bildet nur einseitig den Wortverstand. So wird denn Wissen zur Einbildung, während das Können fehlt. Alles Folgen der einseitigen Lehre und der falschen Wertung.

Es würde zu weit führen, auf diese Seite der Sache hier näher einzugehen, es genügt, die Verstöße gegen Naturgesetze zu erwähnen, die das lange einseitige Viellernen begeht: In den jungen Geist wird in der Schule und an der Hochschule hineingeredet, was er unmöglich verarbeiten kann. Er würde erliegen, wenn er sich nicht durch Vergessen der Menge erwehren würde. Ein Wasserglas kann nicht mehr fassen, als bis es überläuft. Der junge Kopf soll jedoch ohne Verarbeiten alles aufnehmen, was ordnungsmäßig ‚logisch‘ aufgezeigt wird! Daher der erwähnte elende Wirkungsgrad, das Fehlen des lebendigen Nährbodens,

des natürlichen Wachsens, der schlechte Ertrag. Es ist, wie
wenn zu viel Pflanzen auf einem Bodenfleck wachsen sollen, wobei sie denn allesamt verkümmern.

‚Reform‘.

Ziel und Zweck der Reform wäre leicht allgemein anzugeben:
Man muß in allem ungefähr das Gegenteil dessen tun, was jetzt
schädigt. Die Fachwissenschaften nicht trennen, sondern zusammenfassen. Nicht ‚dozieren‘, sondern lebendig üben. Das
Schulgeld abschaffen. Den Einfluß der Einseitigen, der ‚Theoretiker‘ ausschalten. Die Lehrer und ihre Lehre richtig werten,
nach Lehrbegabung und Leistung, nicht nach Rechnerei und Rederei.
Methoden und Systematik als Hilfsmittel behandeln, nicht als
Wesen der Sache. Nichts unzulässig verallgemeinern, weder Erkenntnis noch Versuchsergebnisse. Annahmen stets ausdrücklich klar aussprechen. Das ‚Brauchbare‘ richtig würdigen. Alles
Naturwidrige entschlossen ausmerzen. Vor allem die Vorbildung
bessern.

Alles das ist in pädagogischen Kreisen von allerlei Gesichtspunkten aus längst und schön gesagt — und nie durchgeführt
worden. Weil die ‚Reformen‘ nie ernst und gründlich gemeint
und nie an richtiger Stelle begonnen wurden.

Über nichts wird bei uns mehr geredet und geschrieben als
über ‚Reform der Schulen‘, aber nirgends wird weniger getan,
und das wenige befaßt sich nur mit äußerlichen Ausläufern, mit
Nebendingen, nie mit Wurzel und Wesen der Schulung.

Friedrich II. hat über den reformeifrigen Josef II. geurteilt:
seine Reformen seien gut, aber es komme nichts heraus, weil er
immer mit dem Letzten zuerst beginne.

Genau so im Schulwesen jeder Art! ‚Reformiert‘ wird das
‚Pensum‘, der ‚Aufsatz‘, Teile der ‚Prüfungsarbeit‘; einzelnes in
der ‚Prüfungsordnung‘ und geringes im Lehrplan wird geändert
oder ‚betont‘ oder ‚fakultativ‘ ‚gewürdigt‘ u. dgl. Die Lehrer
und ihre Lehre bleiben, wie sie waren, wirklichkeitsfremd und
einseitig.

Die Hauptsache wäre: neue Lehrer. Die Lehrer wären
vor allem zu ‚reformieren‘; hier müßte wahres Umgestalten

beginnen.   Sonst bleiben die tiefen, die inneren, ursächlichen Gebrechen unverändert.

Wirklicher Neubau erfordert innere Umbildung, erfordert gründlichen Wandel schon in der Auffassung, im Ziel und in den Mitteln.

Der Wandel in der Vorbildung, in der naturwissen-schaftlichen Bildung, in der Allgemeinbildung soll hier nicht berührt werden. Denn sowohl umgebildete Lehrer wie neue Lehre könnten erst einer späteren Menschenfolge dienen, auch in den Anfängen nicht vor einem Jahrzehnt. Die Veranstaltungen sind außerdem so weitläufig und die Ziele so einseitig verdeutet, daß sie hier nicht nebenbei erörtert werden können.

Es gäbe jedoch einen Weg gründlichen Wandels, der mit einer Auslese der Lehrer jetziger Richtung sofort beschreitbar wäre und auf dem sofort Fruchtbringendes und lebendig weiter Wachsendes erzielt werden könnte. Dieser Weg soll in einer besonderen Schrift ‚Gelehrtenlehre' gezeigt und erörtert werden. Hier sind nur einige damit zusammenhängende Hochschulfragen näher zu besprechen.

Auch an der Technischen Hochschule wird an den äußersten Ausläufern eifrig ‚reformiert', seit fünfzehn Jahren immer eifriger; oft wurden sogar mehrmals in einem einzigen Jahre Änderungen vorgenommen, aber immer nur an Einzelheiten des Prüfungsverfahrens oder auch des Studienplans, ohne das Ziel und ohne Lehrer oder Lehre zu ändern.

Als Allheilmittel werden zurzeit an allen Hochschulen die ‚Wahlfächer' empfohlen.

Die Triebkraft ist oft nur die, das eigene Fach endlich als ‚Prüfungsfach' gedruckt zu sehen, was der ohnedies schon arg zersplitterten Sache wenig nützt, wohl aber dem Drang der Prüflinge nach der Richtung des kleinsten Widerstandes entgegenkommt.

Pädagogisch bedeutet dieses Heilmittel ein Armutszeugnis. Statt daß die Lehrer den Studierenden sagen, was ihr künftiges Schaffen erfordert, wird es den Unerfahrenen überlassen, sich auf gut Glück die Fächer auszuwählen, von denen sie sich für ihre Berufsrichtung Nutzen versprechen.

Forderungen.

Die Hochschule braucht zu ihrem Neubau:

tiefere wissenschaftliche Bildung an Stelle der bloßen Fortsetzung der ‚Vorbildung‘, vertiefte wirklichkeitsgerechte Lehre statt einseitiger ‚Theorie‘. Das ist ein Grundpfeiler, der auszubauen ist.

Der zweite ist: Allgemeinbildung während der ganzen Studienzeit. Dazwischen der neue Hauptbau:

Zusammenfassen der Fachbildung.

Dieser Neubau würde wesentlich gefördert, wenn die schaffenden Erfahrenen klar die Frage beantworteten:

Was müssen wir vom Nachwuchs fordern?

Bisher haben sie dies nicht übereinstimmend gesagt, sondern vielerlei in äußersten Gegensätzen verlangt. Die einen haben die Hochschulen und ihre Schüler verurteilt, weil sie Unmögliches nicht geleistet, das sie von ihnen forderten, Erfahrung und Können von Anfängern in einem Maße, wie es den Fordernden im gleichen Alter selbst nicht eigen sein konnte; sie verlangten ‚fertige‘ Fachleute, die doch erst in langer Übung heranwachsen können. Andere haben in ganz entgegengesetzter Richtung verlangt, die Hochschulen sollten nur ‚theoretisch‘ bilden, etwas mehr Physik und Mechanik bieten, ohne Fachlehre; ‚die weitere Ausbildung werde die ‚Praxis‘ selbst besorgen‘.

Eine völlig wirklichkeitswidrige Auffassung! Denn wenn es nur auf diese theoretische Bildung ankäme, die wäre doch schon vorhanden unter den vielen jungen Physikern, die als Fachwissenschafter erzogen sind und dann Oberlehrer werden; sie wären zwar nicht für den Ingenieurberuf ausgebildet, besäßen jedoch das, was die Ausbildung durch die » Praxis « dieser Ansicht noch voraussetzte. Die Technischen Hochschulen würden ganz wegfallen. Die Industrie brauchte nur diese Physiker, meist gute Rechner, anzustellen und nach eigenem Gefallen in Ingenieure umzuwandeln.

Und durch wen soll denn diese Weiterbildung in der Praxis besorgt werden? Durch die überlasteten leitenden Ingenieure? Planmäßig und vielseitig? Oder nur in enger Teilarbeit, über die der Lernende dann nicht hinaussehen kann noch darf? Die

Fabriken sind doch keine Lehranstalten, sondern Erwerbsstätten, und wenn die Leiter etwa anders dächten, so würde sie der Aufsichtsrat bald eines anderen belehren. Die Behauptung, die Praxis werde die fachliche Ausbildung übernehmen, ruht auf dem Hintergedanken: „natürlich nur in der Teilarbeit, in der wir den Nachwuchs allein gebrauchen wollen".

Solches Verfahren ist kurzsichtig und schädigt den Nachwuchs und die Werke selbst, denn sie brauchen Auslese für Führende, Auswahl aus einer großen Zahl wissenschaftlich und allgemein und vielseitig Gebildeter, die sich auf dem Wege der Teilbildung nicht erzielen lassen.

Die Antwort auf die gestellte Frage wäre einfach und selbstverständlich in drei Forderungen auszudrücken:

Erste Forderung:

Der Anfänger muß den Erfahrenen vollständig verstehen, muß seine Absichten und Gründe richtig und rasch erfassen, muß richtig fragen können, und beide müssen sich rasch und leicht verständigen können.

Diese Forderung gilt allgemein und gilt auch für die Erfahrenen selbst hinsichtlich aller Zusammenarbeit und aller Nachbargebiete, besonders aber der fruchtbaren Grenzgebiete, denen die Zukunft gehört.

Jetzt können sich selbst Erfahrene verschiedener Fachzweige schlecht verständigen; sie sprechen ihre verschiedenen Fachsprachen, denken und rechnen verschieden, in gleichem Streben stehen sie sich wie Fremde gegenüber. Sogar Physiker und Elektrotechniker verstehen sich schon nicht mehr. So laufen Wissenschaften ganz gleicher Art getrennt nebeneinander her.

Die Hochschulen müssen schwere Versäumnis nachholen, müssen Verständnis der bisher getrennten Gebiete vermitteln.

Maschinenleute müssen sich mit Chemikern, Hüttenleuten, Bergleuten rasch und sicher verständigen können, und beide Teile müssen das Wesen der Nachbargebiete kennen, nicht durch beschreibendes ‚enzyklopädisches' Gerede, sondern durch Eindringen in das Wesen der wissenschaftlichen und wirtschaftlichen Denkweisen auf den verschiedenen Arbeitsgebieten.

Das Maschinenwesen z. B. muß so gelehrt werden, daß auch Ingenieure anderer Richtung es ohne erheblichen Zeitaufwand kennen lernen, wenn auch nicht die Einzelheiten des Maschinenbaus.

Diese erste Forderung ist daher von größter Wichtigkeit; sie zu erfüllen erfordert eine tiefgehende Umwandlung der Lehre.

Zweite Forderung:

Der Anfänger muß befähigt sein, wissenschaftlich wie gestaltend und betriebführend unter dem Erfahrenen verantwortlich mitzuarbeiten, wobei sich wieder beide mühelos verständigen können müssen.

Das wird nicht erreicht durch die herrschende einseitig theoretische Schulung, die den Nachwuchs wirklichkeitsfremd, hilflos läßt, und wird nicht erreicht durch Sonderfächer, die ihm ein Fachwissen vortäuschen, das erst die eigene· Erfahrung reifen kann.

Die Lehre muß gründlich gewandelt werden, derart, daß jeder Anfänger vom ersten Schritt an die gebietende Wirklichkeit und ihre Schwierigkeiten kennen lernt, die Abhängigkeiten, die Bedingungen der schaffenden Welt, frei von den Auswüchsen der Schulwelt. Fachlehre kann nur Beispiele bieten, um dieser einen großen Aufgabe zu genügen, sie kann aber nicht das endlose Fachwissen lehren, kann nie Erfahrung durch Stückwissen ersetzen.

Als dritte Forderung kommt noch hinzu für Hochschulen jeder Art:

Eine Auslese Begabter soll als besonders beobachtungs- oder rechnungssichere Mitarbeiter für zielsichere Forschung geschult werden.

Neubau der Lehre.

Das Rüstzeug, das rechnerische und zeichnerische, ist Mittel zum Zweck der Gestaltung; es muß ausreichend beherrscht und auf die gegebenen, richtig erkannten Aufgaben richtig angewendet werden.

Die Grundlage ist die wissenschaftliche Einsicht, die Erkenntnis des Wirklichen, nicht eines hergerichteten ‚abstrakten‘ oder verallgemeinerten Zusammenhangs.

Die fachwissenschaftliche Arbeit bedingt das richtige

Zusammenwirken von Einsicht und Können zu einem richtig erkannten wirtschaftlich-technischen Ziele.

Die fachwissenschaftliche Schulung, die die Hochschule bieten soll und kann, ist bei der jetzigen und immer weiter wachsenden Ausdehnung der Gebiete nicht erreichbar in einer Aneinanderreihung von Fächern, sondern nur durch Zusammenfassen des Wesentlichen auf wissenschaftlichem und wirtschaftlichem Boden.

Und Allgemeinbildung ist erforderlich, weil Gemeinarbeit zu leisten ist, Menschenarbeit in richtigem Zusammenwirken, das mit entscheidenden Wirtschafts-, Rechts- und Menschenfragen, mit Kulturfragen untrennbar zusammenhängt. Die selbständige Einzelarbeit ist längst aufgegangen in der notwendigen vielgliedrigen Gesamtarbeit, die richtig zu teilen, zu leiten und zusammenzufassen ist. Nur der kann Führer sein, der alle Zusammenhänge beherrscht, nicht bloß die technischen oder gar nur die ‚theoretischen‘.

Zum Rüstzeug gehört das Rechnen als Mittel, einen zerlegenden oder zusammenfassenden Zusammenhang in allgemeinster Form auszudrücken oder neue Zusammenhänge aufzuklären, vorauszuberechnen oder nachzuprüfen.

Die Rechnung ist nicht die Sache, mit der sie oft verwechselt wird, wie in der herrschenden Schule Wort und Logik für die Gedanken gehalten werden. Richtige Wort- und Satzform, richtige Rechnung bedeuten nicht richtigen Sinn. Der schwere Fehler der wissenschaftlichen Erziehung ist, die Jugend glauben zu machen, Rechnen und Logik allein sei schon Wissenschaft, Sache und Sinn.

Das Rüstzeug des Zeichnens, das in der amtlichen Schule nur als ‚Handfertigkeit‘ eingeschätzt wird, ist Ausdruck der Vorstellung. Diese muß geübt werden. Der Zweck ist, die Vorstellungsbilder und ihre Gestaltung eindeutig auszudrücken, wofür kein anderes Mittel taugt, oder auch, einen Zusammenhang übersichtlicher auszudrücken, als es durch Gleichungen möglich ist.

Die Zeichnung wie die Rechnung ist nur die Form, der Inhalt liegt im ausgedrückten Zusammenhang.

Diese Werkzeuge: Rechnung und Zeichnung, müssen ausreichend beherrscht werden. Die Vorschule sollte dahin führen, leistet es jedoch nicht; es fehlt an Kenntnis der Abhängigkeiten für das Rechnen, es fehlt das Vorstellungsvermögen für das Zeichnen. Diese schweren Mängel kann die Hochschule nicht mehr ausgleichen.

Die Grundlagen liegen in der Tatsachenwelt, in der Naturerkenntnis als Voraussetzung des Schaffens.

Die Vorschule leistet auch hier nicht das Erforderliche; sie mißdeutet die Erfahrungswissenschaften, indem sie richtige ‚Anwendung‘ der Einsicht vernachlässigt und einen sinnwidrigen Gegensatz zwischen ‚reinen‘ und angewandten Wissenschaften schafft und aufrechterhält.

Die Vertreter der ‚reinen‘ Wissenschaften erziehen wirklichkeitsfremd, wenn sie das Anwenden mißdeuten und verachten, wenn sie keine Anwendung bieten können. Erkenntnis ist so lange nicht lebendig, als sie nicht angewendet werden kann und angewendet wird. Alles Vorherige ist nur Vorbereitung zu wirklicher Erkenntnis. Dieses Anwenden verlangt jedoch Berücksichtigen aller gegebenen Bedingungen, nicht bloß der einseitig ausgewählten. Wahres Naturerkennen und sichere Sachkunde bedingen stets volles Erfassen der vielgestaltigen Bedingungen, die die Wirklichkeit stellt, nicht bloß einer bequemen Auswahl, die schulmäßig getroffen wird.

Fachwissenschaftliche Einsicht ist erweiterte Naturerkenntnis, ausgedehnt auf den vollen Zusammenhang aller Bedingungen, die der besondere Fall stellt; sie erfordert stets neues Erkennen und Forschen und ist nicht, wie Einseitige meinen, ‚bloßes Anwenden‘ fertiger theoretischer Lehre.

Vielerlei Sonderfächer führen nicht zu umfassender fachwissenschaftlicher Einsicht, sie taugen nur als Beispiele vertiefter Anwendung, und für den Anfänger ist es eigentlich gleichgültig, welche Art von Beispielen gewählt wird. Wer von vornherein nur nach Sonderrichtung strebt, geht fehl und schädigt sich selbst durch solche Selbstbeschränkung. Niemand kann vorausschauen, wie sein schaffendes Leben verlaufen werde; je unbefangener und vertiefter er jede neue Frage erfassen kann, desto besser für ihn und den Fortschritt. Das frühzeitige Binden schafft Scheuklappen, die den freien Blick hindern, mit dem jede neue Aufgabe erfaßt werden muß.

Gestaltungs- und Betriebslehre.

Die Mängel der herrschenden zersplitterten Fachlehre in zahlreichen Sonderfächern können nur beseitigt werden, wenn die wesentliche Fachlehre möglichst zusammengefaßt wird, wenn Erkenntnisse und vielseitige Anwendungen zugleich vermittelt werden.

Das ist das Wesentliche des Neubaus und seine Voraussetzung. Eine neue zusammengefaßte Lehre muß erst aufgebaut werden, sonst hat das Ändern der Lehrpläne keinen Inhalt.

Eine gewaltige Aufgabe! Denn die Fachwissenschaften sind seit Jahrzehnten getrennte Wege gegangen, und manche erfordert ein Lebensstudium, um sie voll zu beherrschen. Jetzt müssen sie vereinigt und in ihrem Zusammenhange schon vom Anfänger so erfaßt werden, daß er in selbständigem Üben stets Ziel und Wesen der Gesamtaufgaben richtig zu erkennen vermag und gründliches Können in der Teilarbeit erreicht.

‚Gestaltungs- und Betriebslehre‘ wäre diese neue Lehre zu nennen, denn sie müßte Grundlagen und Verfahren zusammenfassen und Gestaltung, Betrieb und Wirtschaft vereinigen.

Im Maschineningenieurwesen würde dann der Studienplan der ersten drei Jahre umfassen:

Allgemeine wissenschaftliche Bildung. Im ersten Jahre Mathematik und Mechanik vereinigt, dann getrennt durch die ganze Studienzeit durchlaufend, ebenso Physik und Chemie, während Geometrie teilweise mit Mathematik und Kinematik vereint wäre. Mathematik, Mechanik und Physik würden daher als höhere Lehre behandelt, nicht wie bisher auf die Grundlagen beschränkt, deren Kenntnis als Vorbildung mitgebracht werden sollte. Ihr Ausmaß würde etwa verdoppelt, ebenso das der Chemie.

Die allgemeine wissenschaftliche Lehre wird im ersten Jahre verschmälert, dann ausgedehnt und als höhere Lehre geboten während der ganzen Studienzeit; zugleich ist sie mit der neuen zusammenfassenden Gestaltungs- und Betriebslehre in engsten Zusammenhang zu bringen, die selbst zu einem großen Teil im ersten Studienjahr unmittelbare Anwendung der wissenschaftlichen Einsicht, im wesentlichen angewandte Physik und Mechanik ist.

Allgemeinbildung ist geboten während der ganzen Studienzeit in wenigstens vier Wochenstunden, umfassend: Kultur-, Begriffs-, Rechts- und Wirtschaftslehre.

Die neue wissenschaftliche Gestaltungs- und Betriebslehre liegt zwischen der allgemeinen wissenschaftlichen und der allgemeinen Bildung und tritt an Stelle der bisherigen vielfältigen Fachlehre. Elektrotechnik und Bauwesen werden besonders fortgesetzt, soweit sie nicht in die Gesamtlehre verflochten sind.

Der Zeitaufwand sinkt von bisher 43 Wochenstunden im ersten Studienjahr, 43 im zweiten und über 50 im dritten und vierten Jahr auf zunächst etwa 36 Stunden in jedem Jahr. Die Zeitersparnis ist daher groß, und sie kann später, wenn die Hilfsmittel für die neue Lehre voll ausgebaut sind, noch bedeutender werden.

Ein viertes Studienjahr ist dann für den Durchschnitt der Studierenden nicht erforderlich, drei Jahre genügen, das zu vermitteln was jeder für beliebige künftige Fachrichtung wissen und können muß.

Ein volles Jahr kann daher erspart werden, oder das vierte Studienjahr kann weiterer Lehre dienen.

Die Lernenden können nach diesem neuen Lehrplan vor allem besser als bisher mit den Grundlagen und dem wissenschaftlichen Rüstzeug vertraut gemacht werden. Sie werden nicht zu Beginn mit einem 20 stündigen theoretischen Unterricht bedrückt, der dann plötzlich schon im ersten Jahre abreißt und durchaus ohne Anwendung auf die Wirklichkeit bleibt.

Der naturwissenschaftliche Unterricht wird vertieft und, ebenso wie der Unterricht in der Chemie, fast verdoppelt, statt wie bisher die Schulphysik fortzusetzen in einer Experimentalphysik, die den meisten schon bekannt ist oder doch so vorkommt. Wärme und Elektrizitätslehre werden wesentlich vertieft.

Zur Allgemeinbildung während aller Studienjahre ist hervorzuheben: Technisches Schaffen hängt untrennbar zusammen mit Fragen des Rechts, des Gemeinlebens. Eine lebendige Rechtslehre soll daher in die rechtlichen Zusammenhänge und in das Rechtsdenken einführen. Nicht aber, daß wie bisher nur Abschnitte über Sonderrechte ‚gelesen‘ werden, über Patentrecht, Wechselrecht, Gewerberecht, Handelsrecht, Bank- und Börsengeschäfte usw. ohne Zusammenhang. Diese sollen als Sonderfächer weiter bestehen.

Alles technische Schaffen muß der Wirtschaft dienen; eine lebendige, nicht eine scholastische Wirtschaftskunde soll die Studien begleiten bis zum letzten Jahre. Gleichzeitig muß die Fachlehre von wirtschaftlichem Denken voll durchdrungen werden, und nicht nur im Sinne der Ertragswirtschaft, sondern auch im Sinne des Allgemeinwohls.

Die Allgemeinbildung soll weiter durch eine Kulturlehre gefördert werden, welche zusammenfassen müßte, was jetzt leider in ‚Fächer‘: Philosophie, Erkenntnistheorie, Ästhetik, Kunstgeschichte, Literaturgeschichte usw. getrennt wird und im Bereiche der Kunst sogar auf enge Kunstbeschreibung und auf Teile der bildenden Kunst beschränkt ist. Von ‚humaner‘ Bildung, von ‚harmonischer‘ und ‚formaler‘ Bildung wird viel erzählt, und das wirklich Höhere, rein Menschliche, das erlebt und empfunden sein will, läuft denselben Weg der Fachzersplitterung oder kleinlichen Beschreibens und leblosen Buchens.

Die Jahrhunderte, die zum Aufbau dieser ‚Fächer‘ gehörten, müssen doch umfassende Geister gebracht haben, mit deren Hilfe die höheren menschlichen Angelegenheiten im Sinne einer allgemeinen Kulturlehre zusammengefaßt werden können für die gewollte Allgemeinbildung.

Diese Neuerung: die Grundfächer im ersten Jahre mit der Fachlehre durch die Anwendungen zu vereinigen, sie dann auf die weiteren Jahre auszudehnen und zu vertiefen und zu erhöhen, des weiteren allgemeinbildende Lehre während der ganzen Studienzeit zu bieten, diese Vorschläge habe ich vor einem Vierteljahrhundert der Unterrichtsverwaltung (unter Wehrenpfennig) ähnlich wie hier gemacht; sie sind verständnisvoll aufgenommen worden, und ich habe dann die Anregung auch öffentlich ausgesprochen in einem Vortrage im Verein deutscher Ingenieure, bei dem die Minister des Unterrichts und der Finanzen anwesend waren. Die Anregungen sind alsbald heftig bekämpft worden.

Die Theoretiker und ihre Anhänger haben nur den ersten Teil des Vorschlags gehört, haben ihn aus dem Ganzen herausgerissen und wörtlich behauptet, ich wolle nur schmälern, wolle die Mathematik und die Mathematiker ‚abschaffen‘, sie durch Ingenieure ersetzen und die ‚wissenschaftliche Bildung‘ vernichten, durch Fachdrill ersetzen und dergleichen Unsinn mehr, der jedoch an andere Hochschulen weitergetragen wurde, um mich als ‚Oberbanausen‘ in Verruf zu bringen.

Selbst ein so verständiger Mann wie der Geometer Hauck, der auch fachwissenschaftlicher Berater im Ministerium war, ist in den tollen Tanz hineingerissen wurden. Es haben einige Beratungen stattgefunden, wobei ich alsbald selbst durch Fachkollegen bekämpft wurde, während die Theoretiker unter Führung des Mathematikers Weingarten, der die Mechanik lehrte, nur Vorwände suchten, um sowohl die Anwendung des Wissens als auch die vorgeschlagene Ausdehnung der wissenschaftlichen Lehre auf die höheren Studienjahre abzuwehren. Gegenüber diesem einmütigen Widerstand, der noch von anderen Hochschulen her verstärkt wurde, hat die Verwaltung versagt. Dabei war ihr bekannt, daß der innere Grund, den Fortschritt abzulehnen, nur der war, daß die Theoretiker nicht in der Lage waren, anregende Beispiele des Anwendens zu bieten, weil sie die Fachwissenschaften gar nicht kennen.

Der zweite Teil des Vorschlags, allgemeinbildende Lehre einzuführen, insbesondere Rechtslehre, Gesundheitslehre, Begriffslehre und Kulturlehre, hatte das gleiche Schicksal. In einigen Beratungen meldete sich schon der Widerstand der eigenen Kollegen, die diese Lehren als ‚Fächer der Universität‘ bezeichneten, in die nicht ‚eingegriffen‘ werden dürfe usw. Es ist dann noch eine Weile herumgeredet worden über eine ‚technische Hygiene‘ als Äußerstes, was aus dem Universitätsbereich herausgerissen werden könne. Vollständiges Verkennen des Ziels und der Mittel zeigte sich im eigenen Kreise, obwohl die Verwaltung sich von Anfang an zusagend und fördernd verhielt.

Diese Forderungen und Ziele sind daher alt und hier nur wiederholt. Die weitere Forderung, die Fachwissenschaften zusammenzufassen, ist neu; damals hat sie mir wohl vorgeschwebt, wäre jedoch unerfüllbar gewesen, denn die Wissenschaften wurden erst entwickelt und waren noch nicht zusammenfaßbar. Jeder Versuch hätte damals mit einer der unfruchtbaren ‚Enzyklopädien‘ geendet, wie sie inzwischen zahlreich und bildungsfeindlich geschaffen wurden

Zusammenfassen der Fachwissenschaften.

Das Schwierigste im Neubau, aber seine unerläßliche Voraussetzung, ist das lehrwirksame Zusammenfassen der Fachlehre, die zu lange getrennt geboten wurde, weil sie getrennt
erwachsen und wesentlich erst in den letzten Jahrzehnten wissenschaftlich geworden ist. Bisher ist das Errungene nicht zu einheitlicher Erkenntnis vereint. Das muß jetzt geschehen.

Eine umfassende Gestaltungs- und Betriebslehre im
Bereich des Maschinenwesens zu schaffen, ist eine große Aufgabe, denn wenige Köpfe müssen das Wesentliche bearbeiten und
vereinigen, was Tausende in Jahrzehnten erforscht und erfahren
haben.

Die· Arbeit ist gleichwohl durchführbar unter folgenden Voraussetzungen:

Mittel und Hilfskräfte müssen verfügbar sein, um neue Lehrbehelfe zu schaffen an Stelle der jetzigen einseitigen.

Fünf bis sechs gleichgerichtete, verschieden geartete Erfahrene müssen beim Zusammenfassen und in der Lehre zusammenwirken, unbegrenzt aufopferungsbereit. In drei Jahren
kann das Wesentliche bewältigt werden, die neue Lehre kann jedoch sofort beginnen und nach dieser Entwicklungszeit voll weiterwirken.

Der ungeheure Umfang darf nicht abschrecken, obwohl sogar
Teilgebiete, wie die Stoffkunde, das Prüfwesen, die Kraftwirt-
schaft, Wärme- und Brennstofftechnik und selbst einzelne Zweige
dieser Gebiete, zu Lebensarbeiten der Fachleute herangewachsen
sind.

Jedoch, je tiefer wahre Wissenschaften jeder Art vordringen,
desto einheitlicher wird ihr Wesen und ihr Ziel; ihre Grundlagen
und Wechselwirkungen werden immer klarer und vereinigungs-
fähiger, wenn starker Wille und Tatkraft der Zusammenfassenden
ans Werk gehen. Der Ruf nach ,Synthese' allein schafft gar
nichts, ebensowenig eine neue ,synthetische' Lehre neben den
schon zu vielen alten. Die Wissenschaften sind eben überlang
ihre getrennten Sonderwege gegangen, und auch ihre geschichtliche
Verfolgung ist noch lange kein Zusammenfassen,

Das Zusammenfassen ist aber trotz der gewaltig angewachsenen Menge der Einsicht möglich, weil im Grunde immer gleiche Grundlagen und ganz gleichartige Aufgaben vorliegen.

Die gleiche Grundlage ist: die Natur zu erkennen, die wirklichen Wirkungen, nicht die angenommenen oder vereinfachten, nicht die schulmäßigen, die das Schwierige ausscheiden.

Z. B. die Kraftwirkungen sind festzustellen, nicht die eingebildeten Kräfte, die bisher leider meist nur ‚statisch‘ betrachtet wurden, in einem bloß angenommenen, wirklichkeitswidrigen vereinfachten Zusammenhang. Es handelt sich nicht um die Kräfte, sondern um die Formänderungen im weitesten Sinn und um die Zusatzwirkungen, die oft allein schon entscheiden.

Ähnlich handelt es sich in Fragen der Kraftumwandlung immer um gleiche Aufgaben im untrennbaren Zusammenhang mit den Wirtschaftsfragen:

Vor allem sind die gegebenen Bedingungen und Abhängigkeiten sachlicher und menschlicher Art, die Widersprüche, die in ihnen liegen, und das Heer der Schwierigkeiten richtig und ausreichend zu erfassen.

Dann ist bedingungsgemäß zu gestalten, das heißt: eine Anlage, ein Betrieb, eine Organisation so durchzuführen, daß die gewollte Wirkung erzielt wird, die immer eine wirtschaftliche ist. Betrieb und Wirtschaft sind eins, keine Gestaltung ist Selbstzweck, stets nur Mittel für den gewollten Betrieb, und dieser wieder abhängig von einer Reihe technischer wirtschaftlicher und menschlicher Bedingungen.

Schon jeder Anfänger muß sich dieser Zusammenhänge voll bewußt sein bei jeder Arbeit, so eng begrenzte Anfangstätigkeit oder Teilarbeit sie sein mag. Er muß z. B. wenigstens in der Hauptsache erfassen, warum eine bestimmte Bauform ausgeführt wird, abhängig von Kraftwirkungen, Baustoff und Betriebs- und Wirtschaftsbedingungen, und immer muß er die Abhängigkeit im besonderen Falle prüfen, denn allgemeines Erwägen, theoretisches einseitiges Herrichten bleibt unwirksam und führt fehl.

Die erwähnten Hauptforderungen wird nur der erfüllen, der dafür begabt und ausreichend geschult ist. Begabte sind genügend vorhanden, sie werden nur durch die herrschende einseitige Schulung verbildet, verblindet. Die notwendige Begabung ist einfach, ist wesentlich dieselbe wie für jeden andern Beruf; sie verkümmert, weil die herrschende Schule nur für wenige bevorrechtete Berufe ausbildet und meint, mit einer wirklichkeitswidrigen, jedoch nicht jedem zugänglichen Bildung auszukommen, die als höhere ausgegeben wird.

Erfordernisse und Erfolg.

Vor allem ist erforderlich trotz alles Lehrens und Lernens:

1. Gesunder reger Menschenverstand, klare Anschauung und Vorstellungskraft.

Die Vorbildung verbildet diese Naturgaben, schult einseitig den Wortverstand, verleitet zu formgerechtem, aber unsachlichem Urteilen und nennt dies je nach Bedarf ,formale' oder ,intellektuelle' oder ,harmonische' Bildung. Die Naturanlage des inneren und äußeren Erschauens, der Einbildung im Sinne der Eingebung, der Vorstellung wird ganz ausgetrieben, wenn nicht etwa künstlerischer Trieb stärker wirkt als diese einseitige Bildung. Zur Wortkritik, zum Besserwissen wird erzogen.

Niemand kann in Aussicht stellen, durch eine neue Hochschullehre diese Schäden, diese Einseitigkeit zu beheben, die Veranlagung wieder zu verlebendigen. Voller Erfolg wäre nur bei Änderung der Vorbildung möglich.

2. Das wissenschaftliche Rüstzeug ist richtig zu handhaben.

Die Vorbildung sowie die einseitige theoretische Hochschullehre verleiten jedoch dazu, das Rüstzeug, insbesondere die Rechnung, zu überschätzen, als Selbstzweck anzusehen. Die ,theoretische' Bildung der Schule verleitet zu einseitigem Rechnen, unzulässigem Verallgemeinern, zum wirklichkeitswidrigen Glauben an Formeln, ,Axiome' und Lehrsätze.

Hier kann die vorgeschlagene neue Lehre durch den steten innigen Zusammenhang mit der Anwendung gründlich Wandel schaffen.

3. Die wissenschaftlichen Grundlagen müssen beherrscht werden, jedoch muß die wirkliche Natur der Dinge richtig erkannt werden, nicht die ,exakt' hergerichtete.

Schule und Hochschule verfehlen das Ziel durch die ,abstrakte' Lehre, die auf Annahmen ruht, die der Wirklichkeit nie entsprechen, die einseitig selbstgewählte Zusammenhänge an Stelle der wirklichen setzen, z. B. starre Körper voraussetzen, die es gar nicht gibt, oder Bewegung ohne Masse, ohne Widerstände der bewegten Teile, oder einen wirklichkeitswidrigen Wärmezustand usw. Und die Ergebnisse der ‚abstrakten‘, ‚exakten‘, also hergerichteten Lehre werden verallgemeinert und dadurch Lehrsätze und Lehrmeinungen an Stelle der unbequemen vielgestaltigen Wirklichkeit gesetzt. Daraus erwächst das Überschätzen der ‚Theorie‘.

Die neue Lehre kann hier gründlich helfen, die Köpfe vor einseitigem Erfassen der Grundlagen zu bewahren.

4. Die schwierigen Bedingungen und Abhängigkeiten der Wirklichkeit müssen richtig und ausreichend vollständig erkannt und gewürdigt werden.

Die herrschende Lehre verbirgt sie, führt irre, täuscht die Lernenden durch willkürliche vereinfachende Annahmen. So wie das Rechnen auf diesem Boden einseitig wird, so auch das Erfassen der gegebenen Bedingungen.

Im Maschinenwesen ist dieses Verdunkeln des Schwierigen verhängnisvoll. So war z. B. das Gestalten der Maschinenteile unter Reuleaux eine Sache der Formen. Jetzt ist es zu sehr auf einseitige Rechnung gestützt. Im verbreitetsten Buch über Maschinenteile, dem von Bach, ist die Rücksicht auf die Herstellung abgelehnt, auf die Fabriken verwiesen. Die Wirklichkeit hingegen ist: Keine richtige Formgebung ist möglich, wenn nicht alle wesentlichen gegebenen Bedingungen richtig berücksichtigt sind, zu denen u. a. der Baustoff, die Forderungen der Fertigung, des Betriebes und der Wirtschaft gehören. Die neue zusammenfassende Lehre muß allen wesentlichen Bedingungen gerecht werden, sie schon dem Anfänger zeigen und immer wieder in Erinnerung bringen.

5. Die eigene Kraft muß jeder Schaffende kennen.

Sie wird jetzt nicht geübt und bleibt dem Lernenden verborgen im Bereich einseitiger Verstandesschulung und wirklichkeitswidriger Wissenschaft, so daß der Nachwuchs sich arg und zum schweren Schaden überschätzt. Die neue Lehre, ganz auf dem Boden steten Anwendens und Zusammenfassens aufgebaut, kann diese Forderung erfüllen.

6. Die Grenzen der Erkenntnis und der Erfahrung muß jeder Anfänger kennen, ebenso wie der Erfahrene.

Diese Grenzen werden ganz verdunkelt durch die hergerichtete einseitige Lehre, deren ‚Lehrsätze‘ als Leitsterne hingestellt werden, die jedoch Irrlichter sind und von der schwierigen Wirklichkeit ablenken, die ertöten, was lebendig sein muß, die dem Anfänger Weg und Blick versperren, ihn überhaupt vom Überlegen abhalten, das immer mit dem Zweifeln beginnen muß. Wozu zweifeln, wenn die ‚Formel‘, die in der ‚Hütte‘ so leicht zu finden ist, alles in sich schließt und als ‚exakt‘ und ‚streng‘ ausgegeben wird! Wenn nur die ‚strenge‘ Rechnung an sich richtig ist! So wie in der Schule ‚formal‘ richtig meist Unverstandenes geredet und beurteilt wird, ohne Sache und Schwierigkeiten zu würdigen.

Die neue Lehre muß einerseits in die wirklichen Schwierigkeiten eindringen, andrerseits zusammenfassen und beschränken innerhalb der wirklichkeitsgemäßen Einsicht; sie muß und kann stets die Grenzen der Erkenntnis weisen, muß in das große Reich des nur Wahrscheinlichen, des Ungewissen und Unsicheren einführen und auch das Unmögliche aufzeigen.

7. Verantwortung.

Scharfes, nie erlahmendes Bewußtsein für eigene unbedingte Verantwortung muß die Lehre planmäßig fördern. Verantwortung dafür, daß alles Überlegen, Rechnen, Gestalten und Wollen völlig zuverlässig und zweckrichtig, daß es in der Teilarbeit auch vollständig sei, immer in Hinsicht auf die gewollten Wirkungen und Zwecke, abhängig von den gegebenen Bedingungen. Verantwortung dafür, daß die Sache, daß das Werden und Wirken mit allen Forderungen richtig zusammenhängt. Verantwortung für richtiges persönliches und sachliches Zusammenwirken in einer notwendig vielgliedrigen Gemeinarbeit, in der notwendigen Gliederung der Gesamtarbeit. Also Verantwortung für die geteilte Arbeit als Mittel zum Zweck der Gesamtarbeit, der die Teilarbeit richtig zu dienen hat. Das Bewußtsein muß rege sein, daß die notwendige Gliederung kein eigenes willkürliches Voraussetzen gestattet und alles sorglose Einzelarbeiten verbietet.

Eigentlich lernt jeder Mensch in jedem Beruf erst dann, wenn er persönlich Verantwortung zu tragen anfängt. Solche, die immer unverantwortlich bleiben oder als ‚Leiter‘ die Verantwortung auf andere, auf Mitarbeiter, Untergebene abschieben können, lernen nie und nichts als Äußerlichkeiten im Arbeits-, Menschen- und Weltgetriebe.

Die Lehre kann dieser Pflicht nie voll genügen und überhaupt nicht, wenn sie zersplittert ist. Immerhin kann richtige Lehre fruchtbar vorbereiten, jedoch nur durch planmäßiges Anwenden der Erkenntnis, nicht als bloße Wissenslehre, sondern nur als zusammenfassende Lehre, die die vielen Bedingungen der Wirklichkeit schon dem Anfänger nahe bringt. Das Reden über ‚Selbstbestimmen‘ und ‚Verantworten‘ ist durchaus unfruchtbar ohne Betätigen.

Feind der Verantwortung ist wieder die herrschende einseitige Theorie, die sich ihre eigene Welt herrichtet, die wirkliche verschweigt, daher die Lernenden über diese schwierige Wirklichkeit und über die Verantwortung, die sie unfehlbar bringt, täuscht und sich zudem für das Höhere hält, sich für grundsatzspendend und richtungweisend ausgibt und dadurch gerade viele ‚wissenschaftlich Gebildete‘ zu dem Glauben verführt, Theorie und Rechnung seien auch die richtige Sache. Die Rechnung wird ihnen dann zur Hauptsache und wird für unfehlbar gehalten. Die technischen Theoretiker sind hier besonders die Schädlinge, die da vermeinen, auch die sachlichen Bedingungen zu kennen, während sie meist erfahrungslos und wirklichkeitsfremd sind.

In der zusammenfassenden Lehre der Gestaltung und des Betriebs kann viel zur Ausbildung eines regen Verantwortungsgefühls getan werden, namentlich beim Zusammenarbeiten der Lernenden in Gruppen und beim Zusammenstimmen der geteilten Arbeit durch die Gruppen selbst. Im jetzigen zerspaltenen Sonderfachstreben ist dies unmöglich.

Jeder Anfänger muß dahin gebracht werden, daß er stets bewußt die Verantwortung erschaut, die er vor dem eigenen Gewissen, vor den Forderungen der Sache und vor dem Gesetze zu tragen hat.

Zeitersparnis.

Das neue Lehrverfahren erfordert nach seiner vollständigen Durchbildung nur drei Jahre, um den Durchschnitt des Nachwuchses richtig und fähig für jede Sonderrichtung zu bilden. Ein viertes Studienjahr kann verwendet werden:

Entweder zur Ausbildung für ein Sonderfach, die viel

gründlicher erfolgen könnte, als es nach dem jetzigen überfüllten Plan möglich ist. Sonderfächer müssen an den Hochschulen zweckmäßig verteilt vorhanden sein.

Oder zur Ausdehnung der zusammenfassenden Gestaltungs- und Betriebslehre auf das Wesen höher gegliederter Gemeinarbeit, die technisch, betriebsgemäß, wirtschaftlich und menschlich erfaßt wird.

Das ist erreichbar, wenn in den drei Vorjahren gründliches Verständnis der Technik und der allgemeinen Wirtschaft erworben wurde. Der Erfolg würde ausbleiben, wenn die Lernenden nicht vorher an enger begrenzten Aufgaben richtig gestalten und betriebstechnisch und von Anfang an wirtschaftlich denken gelernt haben. Nur die genügend Vorgeschulten können erfolgreich in fein gegliederte Gemeinarbeit eingeführt werden, deren Grundlagen schon im dreijährigen Grundstamm richtig in die Lehre einzubeziehen sind. Sonst kommen wieder nur einseitige ,Spezialisten‘ heraus, Fabrikationstechniker, oder eine neue ,Wirtschaftswissenschaft‘ bleibt ebenso unfruchtbar wie so viele andere gutgemeinte ,soziologische‘ Vorlesungen, die der ,Synthese‘ dienen sollen.

Es handelt sich nicht bloß um die immer schwieriger werdende Privatwirtschaft im Bau und Betrieb von Maschinen und Anlagen; deren Kenntnis ist selbstverständliche Voraussetzung für das höhere Ziel: alle Aufgaben der Gemeinarbeit richtig zu erfassen.

Die hochgegliederte Gesamtwirtschaft muß wieder zusammenfassend gelehrt werden, sonst verliert sich die Lehre ins Unabsehbare, wird unfaßbar dem Unerfahrenen.

Wieder ist Gemeinarbeit vieler Erfahrenen notwendig. Die jetzige und die kommende vielgliedrige Technik und Wirtschaft ist zu einer fruchtbringenden übersichtlichen Lehre zu verdichten. Den Lernenden muß gezeigt werden, wie technisch, wirtschaftlich und sozial vervollkommnete Erzeugung und Höchstleistung zustande kommt, wie weiterer Fortschritt möglich ist, was die kommende Technik und Wirtschaft leisten muß, um der gewaltsam veränderten Zeit zu genügen. Das wäre die wirksamste Verwendung eines vierten Lehrjahres, nicht die Pflege der vielen Sonderfächer.

Die neue Lehre kann die genannten Forderungen erfüllen, soweit es nicht die verfehlte Vorbildung hindert. Außerdem bietet sie aus dem unermeßlichen Bereich der Allgemeinbildung zusammenfassende Belehrung wenigstens über die Hauptfragen der Kultur, des Rechts und des Wirtschaftslebens, wobei sie staatsbürgerliche, soziale und politische Bildung mit berücksichtigen muß, für die jetzt gar nicht gesorgt wird.

Die Prüfungsordnung muß jeder Begabung gerecht werden, denn jede ist wertvoll im Leben, wenn sie stark und zuverlässig ist. Die Prüfung darf nicht verflachend fordern, daß jeder in allem bewandert sei, darf nur das Mögliche verlangen: Jeder muß das Rüstzeug handhaben können, die Grundlagen beherrschen; jeder soll allgemein gebildet sein. Das ist das tägliche Brot für schaffende Tätigkeit und kann auf das Wesentliche beschränkt werden, die verzweigten Richtungen hingegen lassen viel Spielraum zu.

Im Neubau ist die notwendige praktische Ausbildung, das ‚praktische Arbeitsjahr‘, nicht berücksichtigt, weil Sachkundige verschieden darüber urteilen. Es sprechen gleichstarke Gründe für das praktische Lernen vor wie nach der Hochschullehre.
Tatsache ist, daß diese Lehre, so wie sie jetzt durchgeführt wird, völlig wirkungslos bleibt, weil sie auf Zusehen und Basteln statt auf Erleben ausgeht, auf Teilerfahrungen statt auf lebendiges Erfassen des Zusammenarbeitens. Nur die Industrie kann die Lehre bieten, versagt jedoch ihre planmäßige Durchführung, und so wird das praktische Arbeitsjahr meist zum nutzlosen Verlust an Lebenszeit. Denn die Volontäre, Beflissenen, Praktikanten werden in den Arbeitsstätten mehr geduldet oder ‚beschäftigt‘ als planmäßig geschult. Den überlasteten Betriebsleitern fehlt es an Zeit und auch an innerem Anteil, die Unerfahrenen zu belehren, was nur stufenweise möglich ist. Die Fabrikarbeit ist zudem streng geteilt, die Lernenden können keine Freizügigkeit genießen. So sind sie auf den guten Willen einiger Meister angewiesen und müssen zusehen, wie sie zufällig etwas erfassen können. Gerade große, weitgeteilte Arbeitsstätten sind deshalb ungeeignet. Hinzu kommt, daß das praktische Arbeitsjahr nur auf einigen Gebieten verlangt wird, auf anderen nicht, und daß dem Zeitaufwand kein Gegenwert gegenübersteht.

13*

Ich meine, die praktische Ausbildung gehört vor die wissenschaftliche Lehre, die jedoch höher gestimmt werden muß, wenn sie sich an wirklich praktisch Geschulte wendet. Ich meine, praktische Arbeit müßten alle durchmachen, nicht bloß ein Teil der künftigen Techniker, alle, damit die einseitige Verstandesübung der höheren Schule durch praktisches Erleben'inmitten wirklicher Arbeiter unterbrochen und nicht unter anderem Namen sogleich an der Hochschule fortgesetzt wird.

Die Frage der praktischen Lehre ist einheitlich mit der Vorbildung zu regeln, sie ist hier nicht zu behandeln. Hervorzuheben ist nur, daß ein Jahr praktischen Lebens nicht zur Erwerbung von Handfertigkeit und Kleinkenntnissen verbraucht werden darf, sondern in werktätiges Schaffen einführen soll, lebendig und fruchtbringend, ohne daß die Gesamtlehrzeit verlängert wird.

Urgrund.

Nicht allerorts werden sich sofort für die dreijährige Vorarbeit die vielen zusammenstimmenden erfahrenen Kräfte finden, gewillt, gegen die herrschende Unnatur und gegen die Einseitigen und Gehässigen zu kämpfen und sich diesem Neubau ganz aufzuopfern, inmitten von Wirklichkeitsblinden, die den Urgrund des Verfalls bilden. Einzelne werden sich überall finden, können jedoch das Neue nicht allein und rasch bewältigen.

Ich habe mich bereit erklärt, meinen Anteil an dieser Arbeit mit genügend vielen Gleichgerichteten und verschieden Erfahrenen zu übernehmen und mit der Arbeit sofort zu beginnen.

Unantastbare Voraussetzung ist, daß der Urgrund des Übels ausgeschaltet wird, daß die Arbeit reibungsfrei geleistet werden kann, unabhängig von den Blinden; der Bau muß neu neben dem Alten aufgerichtet werden, ungestört von der alten Richtung.

Ich habe mir meinen Lebensauslauf allerdings mühefreier gedacht. Wer kann aber in unserer Zeit an Ruhe denken! Nicht um die Leitung des Neuen handelt es sich, sondern um schwierige Gemeinarbeit mit klarem Ziel, das die sachliche Leitung in sich selbst trägt.

Ohne zusammenfassendes Neuschaffen des Inhalts

der neuen Lehre und ihrer Verfahren wäre eine Reform ziel- und zwecklos. Neue Studien- und Prüfungspläne ohne dieses Neuschaffen wären nur leerer Schein, nur geänderte äußere Form für den alten verfehlten Geist.

Ich habe die Behörde dringend gewarnt vor der Gefahr, daß nur die Form des Neubaus nachgeahmt, daß sie aber im alten Geist mit dem früheren Inhalt der Fachlehre erfüllt werde, ohne die Vorarbeit des Zusammenfassens. Es wäre schade um die Zeit, damit auch nur zu beginnen. Der Mißerfolg wäre sicher, und der Zerfall der Hochschule würde voller Verfall werden.

Wenn die Ingenieure nicht für das höhere, umfassende Ziel ausgebildet werden und nur im eng abgeteilten Fachkreise wirken wollen, dann werden nicht nur die Technischen Hochschulen verfallen, dann werden wir alle verkommen. Denn wer soll denn den kommenden hohen Aufgaben genügen? Die erfahrungslosen einseitigen Theoretiker? Oder die Verwalter? Der sachunkundige Kaufmann? Doch wohl nur erfahrene Vielseitige und Schaffensfähige, an deren Heranbildung es jetzt fehlt wegen der bildungsfeindlichen Trennung aller Lehre, wegen der herrschenden wirklichkeitswidrigen ‚theoretischen‘, einseitigen ‚Bildung‘, die keine Erziehung ist.

Die furchtbare Zeit, in die wir hineingestoßen sind, zwingt dazu, alle erfahrungslosen Planmacher, alle Einseitigen abzuweisen, gleichviel ob sie sich wissenschaftlich, ‚technisch‘, ‚wirtschaftlich‘ oder sonstwie nennen, alle, die nur theoretisch denken, die erfahrungslos ‚systematisieren‘, die grüntischig oder grautheoretisch, organisieren‘, lehrhaft oder staatlich, die das Lebendige durch einen selbstgefertigten Mechanismus austreiben; wir müssen alle diejenigen abwehren, die Lehrsätze, Lehrzimmer, Schreibstuben oder Exerzierplätze mit dem schwierigen vielseitigen Leben verwechseln.

Zunehmend drängen sich ‚Ideologen‘, ‚Idealisten‘ und ‚Edelmenschen‘ aller Art hervor unter hochtrabenden Namen, den Mund voll schöner Reden, Leute, deren ganzes ‚Ideal‘ darin besteht, die Wirklichkeit gründlich zu verachten, deren Kenntnis sie durch zielloses Schwärmen und kühnes Behaupten ersetzen, meist tatenlose Leute, die ihr Lebtag in Büchern gelebt haben, in einer selbstgemachten Welt.

Unsere Rückständigkeit in Lehre und Leben und unser unerhörter Zusammenbruch haben eine gemeinsame Ursache, alles folgenschwere Elend um uns herum läßt sich in ein einziges Wort zusammenfassen: Wirklichkeitsblindheit.

Wirklichkeitsblind waren wir vor und während des Krieges und sind es geblieben, so wie unser Schulwesen wirklichkeitswidrig ist, dennoch aber für das Höhere gilt. Und blind werden wir immer bleiben, wenn die Erziehung und die Lehre nicht gründlich geändert wird. Wirklichkeitsblind ist, wer die eigene Kraft und das eigene Tun überschätzt, die Gegner nicht kennt, nicht die Widerstände und die Möglichkeiten, nicht die Schwierigkeiten des Lebens und der Sachen. Nur diese Blinden haben für alles die fertige Regel bereit, die Vorschrift, die Form, sie sind es, die den Geist durch die gewohnte Mache ersetzen, das Lebendige vertreiben und tateneifrig, weil unkund der Gefahren, in verderblichen Größenwahn rennen.

Springer-Verlag Berlin Heidelberg GmbH

Oelmaschinen

Wissenschaftliche und praktische Grundlagen für Bau
und Betrieb der Verbrennungsmaschinen

Von

St. Löffler   A. Riedler

Professor, Privatdozent   Professor

an der Technischen Hochschule zu Berlin

Mit 288 Textabbildungen. 1916

Gebunden Preis M. 16.—

Das Maschinenzeichnen

Begründung und Veranschaulichung der sachlich notwendigen zeichnerischen Darstellungen und ihres
Zusammenhanges mit der praktischen Ausführung

Von

Geh. Regierungsrat Dr. A. Riedler

Professor an der Technischen Hochschule zu Berlin

Zweite, neubearbeitete Auflage. Unveränderter Neudruck 1919

Mit 436 Textfiguren

Unter der Presse. Gebunden Preis etwa M. 18.—

Hierzu Teuerungszuschläge